钳工实训教程

温上樵　主编

上海交通大学出版社

内容提要

本书通过 5 个综合项目,讲述了锯割、锉削、孔加工、螺纹加工、配锉和常用工量具使用等钳工技能。具有较强的理论性、系统性和科学性。贯彻了"能用"、"够用"和"管用"的原则,做到了将具体问题细化成若干知识点,目标明确,有利于培养学生的学习能力、思考能力和创造能力等。本书采用项目式编撰方式,由简到难设计了一系列钳工实训项目,每个项目又分成若干任务,让学生在各种任务的引领下学习钳工技能以及相关的理论知识,避免理论教学与实践教学相脱节。

本书可作为高职院校机械类和近机类专业实训教材,或者作为中职校、培训机构和企业的培训教材,以及相关技术人员的参考用书。

图书在版编目(CIP)数据

钳工实训教程/温上樵主编.—上海:上海交通
大学出版社,2015(2020重印)
ISBN 978-7-313-13150-8

Ⅰ.①钳… Ⅱ.①温… Ⅲ.①钳工—教材 Ⅳ.
①TG9

中国版本图书馆 CIP 数据核字(2015)第 131908 号

钳工实训教程

主　　编:温上樵
出版发行:上海交通大学出版社　　　　　　地　　址:上海市番禺路 951 号
邮政编码:200030　　　　　　　　　　　　电　　话:021-64071208
印　　制:上海天地海设计印刷有限公司　　经　　销:全国新华书店
开　　本:787 mm×960 mm　1/16　　　　　印　　张:10.75
字　　数:176 千字
版　　次:2015 年 6 月第 1 版　　　　　　　印　　次:2020 年 1 月第 3 次印刷
书　　号:ISBN 978-7-313-13150-8
定　　价:39.00 元

前　　言

钳工是机械制造中的重要工种之一。钳工的主要工作是进行零件加工和装配，各种工具、夹具、量具、模具和各种专用设备的制造，以及一些机械方法不能或不宜加工的操作。生产设备与设施的维修通常可由钳工完成。

本书设计以就业为导向，由钳工基本技能工作任务为引领，以国家职业标准工具钳工中级的考核要求为基本依据。在结构上，从职业院校学生基础能力出发，采用项目式教学的形式，遵循专业理论的学习规律和技能的形成规律，按照由简到难的顺序，设计一系列项目，在任务引领下学习钳工技能及相关的理论知识，避免理论教学与实践相脱节的情况。在内容上，由浅入深、循序渐进，有利于机械类和近机类专业学生的自学和教师授课。

根据各校的需要，建议教学时数如下：

序　号	项　　　目	学　时
1	项目一　认识钳工	2
2	项目二　加工小榔头	26
3	项目三　加工立方体	18
4	项目四　加工四方角配合件	26

本书由南京信息职业技术学院温上樵主编，南京信息职业技术学院董洪新、丁友生、陈星、刘臻、黄金发、陈明翠和南京市通用技术高级教师陆忠花参编，全书由温上樵统稿。在本书的编写过程中，得到了南京信息职业技术学院机电分院工程中心和模具教研室的大力支持，在此表示衷心感谢。

由于编者水平有限，对书中存在的不妥之处，敬请读者批评指正。

目　　录

项目一 认 识 钳 工

本项目主要是了解钳工实习场地、钳工常用设备与工具以及安全文明生产知识,学习台虎钳的拆装与保养等。通过本项目的训练,能够掌握台虎钳的使用、维护与保养,认识钳工实习场地、钳工常用设备与工具,学会常用工具的摆放,打扫钳工实习场地。

【学习目标】

- 了解钳工实习场地、钳工常用设备及安全文明生产规定;
- 了解钳工常用工具,学会常用工具的摆放;
- 掌握台虎钳的拆装和保养方法。

任务一 认识场地与设备

【知识点】

➢ 钳工实习场地的布局;
➢ 钳工设备的使用;
➢ 工具的摆放;
➢ 安全文明生产有关规定。

【技能点】

学会工具的摆放,安全文明行走,打扫工作场地。

【任务导入】

钳工实习场地、钳工常用设备与工具是学习钳工操作前必须充分了解并熟悉的,这是迈入钳工之门的第一步。为了能顺利完成钳工实习任务,我们需要学习有关安全文明生产条例、钳工常用设备的功能、钳工常用工具的使用与摆放等。最后,还需要认真打扫工作场地。

【知识准备】

一、钳工基本概念

钳工大多是用手工工具且经常在台虎钳上进行手工操作的一个工种。钳工的主要工作是进行零件加工和装配,各种工具、夹具、量具、模具和各种专用设备的制造,以及一些机械方法不能或不宜加工的操作,另外设备的维修等都可由钳工完成。

钳工按照工作内容和性质可分为普通钳工、工具钳工和机修钳工三大类。尽管专业分工不同,但都必须全面掌握钳工基本知识和基本操作技能。

二、钳工实习场地和相关设备

钳工实习场地是指钳工的固定工作地点,一般分为钳工工位区、台钻区、划线区和刀具刃磨区等区域,各区域由白线或黄线分隔而成,区域之间留有安全通道,如图1-1所示为一钳工实习场地的平面图。

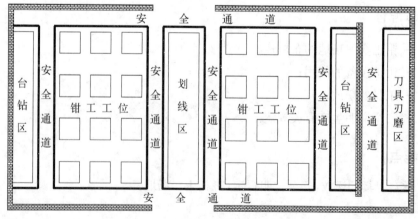

图1-1 钳工实习场地平面图

场地中的主要设备如图1-2所示,有台钻、平口钳、台虎钳、砂轮机、划线平板和钳工台等。

(a) 台钻　　　　　　(b) 平口钳　　　　　　(c) 台虎钳

(d) 砂轮机　　　　　(e) 划线平板　　　　　(f) 钳工台

图1-2　钳工实习场地中的主要设备

台钻用于钻孔;平口钳用于钻孔时夹持工件;台虎钳用于工作时夹持工件;砂轮机用于刃磨刀具;划线平板主要用于划线;钳工台是钳工操作平台,台虎钳被固定在上面。

三、钳工的常用工具

1. 手锤

手锤分为硬锤头和软锤头两类,如图1-3所示。前者一般使用钢制品,后者一般使用铜、塑料、铅、木材等制成。

锤头的软硬选择,要根据工件材料及加工类型决定,比如錾削时使用硬锤头,而装配和调整时,一般使用软锤头。

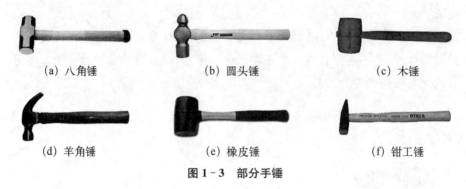

(a) 八角锤　　　　　(b) 圆头锤　　　　　(c) 木锤

(d) 羊角锤　　　　　(e) 橡皮锤　　　　　(f) 钳工锤

图 1-3　部分手锤

2. 旋具

旋具主要用于旋紧或松脱螺钉,如图 1-4 所示。

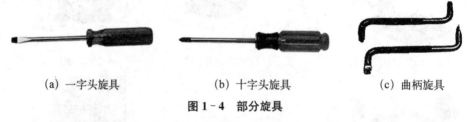

(a) 一字头旋具　　　　(b) 十字头旋具　　　　(c) 曲柄旋具

图 1-4　部分旋具

旋具的刀口宽度要根据螺钉的尺寸选择,如图 1-5 所示,否则易损坏旋具或螺钉。

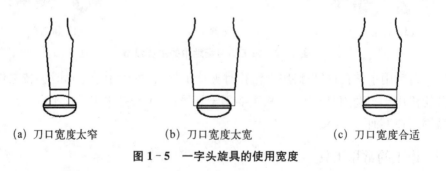

(a) 刀口宽度太窄　　　(b) 刀口宽度太宽　　　(c) 刀口宽度合适

图 1-5　一字头旋具的使用宽度

3. 扳手

扳手主要用于旋紧或松脱螺栓和螺母等零部件或其他工具,如图 1-6 所示。根据工作性质使用合适的扳手,尽量使用呆扳手,少用活扳手。

4. 手钳

手钳主要用来夹持工件,如图 1-7 所示。

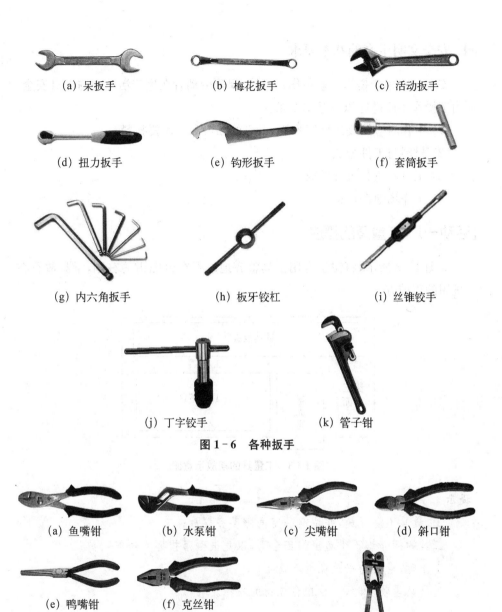

(a) 呆扳手　　　　(b) 梅花扳手　　　　(c) 活动扳手

(d) 扭力扳手　　　　(e) 钩形扳手　　　　(f) 套筒扳手

(g) 内六角扳手　　　　(h) 板牙铰杠　　　　(i) 丝锥铰手

(j) 丁字铰手　　　　(k) 管子钳

图 1-6　各种扳手

(a) 鱼嘴钳　　　　(b) 水泵钳　　　　(c) 尖嘴钳　　　　(d) 斜口钳

(e) 鸭嘴钳　　　　(f) 克丝钳

(g) 大力钳　　　　(h) C形钳口大力钳　　　　(i) 大力钳

图 1-7　各种手钳

四、安全文明生产的基本要求

安全文明生产是为了避免伤亡事故,保障劳动者在生产活动中的人身安全。在钳工操作中应遵守以下基本要求:

(1) 工作时应按规定穿工作服,上衣的袖口和下摆要扎紧。

(2) 材料与工件分放。

(3) 工具和量具合理摆放。

(4) 工作场地保持整洁。

【活动一】 工量具的摆放

如图1-8所示,将钳工常用工具整齐地放置在台虎钳的右侧,量具放置在台虎钳的正前方。

图1-8 工量具的摆放示意图

> **提示**
>
> 工、量具不得混放,并留有一定间隙整齐摆放;
>
> 工具的柄部均不得超出钳工台面,以免被碰落损坏或砸伤人员;
>
> 工作时,量具均平放在量具盒上;
>
> 量具数量较多时,可放在台虎钳的左侧。

【活动二】 打扫工作场地
【任务实施】

1. 打扫工作台

用毛刷扫去台虎钳和工作台上的切屑与灰尘,打扫的顺序为"自上而下、由远及近、从里到外"。打扫时不要把垃圾直接刷到地面上,而应扫入垃圾桶。

说明:

"自上而下"——从高处向低处打扫;

"由远及近"——从远处向近处打扫;

"从里到外"——从工作台的里侧向外侧打扫。

2. 打扫地面

按照"一洒、二扫、三拖"的顺序,即先洒水,再清扫,最后拖地。任务完成,将劳动工具清洁后,摆放到指定地点。

说明:

"一洒"——水要洒得均匀,不要有局部积水;

"二扫"——动作要轻,不要有扬尘;

"三拖"——拖把等清洁工具要清洗干净,并且拧干后才可以使用。

【任务小结】

在本任务中,以学会遵守钳工劳动纪律为重点。从行走、物品摆放、打扫卫生等基本工作入手,进行生命教育和职业素养教育。另外,开始工作前,按照安全生产规定必须穿戴好防护用品。

任务二　台虎钳的认识与保养

【知识点】

➢ 台虎钳的结构与使用;

➢ 台虎钳的拆装;

➢ 台虎钳的保养;

➢ 有关安全操作规程。

【技能点】

学会使用和保养台虎钳。

【任务导入】

学习台虎钳的使用与保养,了解基本安全生产常识。通过学习和训练,能够掌握台虎钳的使用与保养。

【知识准备】

一、认识台虎钳

台虎钳是用来夹持工件的通用夹具,其规格用钳口宽度来表示,常用规格有100 mm、125 mm 和 150 mm 等。

台虎钳有固定式和回转式两种结构类型,如图 1-9 所示。

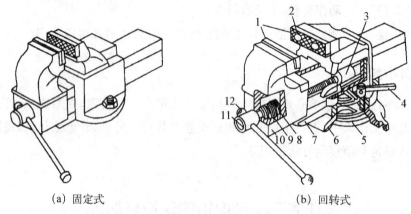

(a) 固定式　　　　　　　　　　　　(b) 回转式

图 1-9　台虎钳

1-钳口;2-螺钉;3-螺母;4-手柄(2 个);5-夹紧盘;6-转盘座;
7-固定钳身;8-挡圈;9-弹簧;10-活动钳身;11-丝杠;12-丝杠手柄

在钳工台上安装台虎钳时,必须使固定钳身的工作面处于钳工台边缘以外,以保证夹持长条形工件时,工件的下端不受钳工台边缘的阻碍。

提示

回转式台虎钳比固定式台虎钳多了一个底座,工作时钳身可在底座上回转;回转式台虎钳使用方便、应用范围广,可满足不同方位的加工需要。

台虎钳上的所有手柄只能用手扳动。

二、台虎钳的日常保养

一般情况下,台虎钳在保养时,需要进行台虎钳的拆卸和安装操作。

【活动一】 拆卸台虎钳

(1) 逆时针转动手柄 12,拆下活动钳身 10,如图 1-10 所示。

图 1-10 拆卸活动钳身

注意: 当活动钳身 10 移至图 1-10 所示位置时,需用手托住其底部,防止突然掉落而造成损坏或砸伤人员。

(2) 拆去螺母 3 上的紧固螺钉,卸下螺母 3,如图 1-11 所示。

(3) 逆时针转动两个手柄 4,拆下固定钳身 7。

【活动二】 清洁保养台虎钳

(1) 将台虎钳各部件上的金属碎屑和油污清除,其主要部件有:固定钳身7、螺母 3、丝杠 11 等。

(2) 检查各部件:① 挡圈 8 和弹簧 9 是否可靠固定,如图 1-12 所示;② 钳口螺钉是否松动;③ 丝杠 11 和螺母 3 磨损情况;④ 螺母 3 的紧固螺钉是否变形或有裂纹;⑤ 铸铁部件是否有裂纹。

注意: 若发现部件有以上情况,该台虎钳应立即停止使用,并即时更换或调整部件,待维护与调整完成,验收合格后才能继续使用。

(3) 保养各部件:① 螺母 3 的孔内涂适量黄油;② 钢件上涂防锈油。

图 1－11　拆卸螺母　　　　　　　图 1－12　检查挡圈和弹簧

【活动三】　组装台虎钳

（1）将固定钳身 7 置于转盘座 6 上，使固定钳身 7 上的左右两孔分别对准夹紧盘 5 上的螺孔，然后插入两个手柄 4 并顺时针旋转，将固定钳身 7 固定，如图 1－13 所示。

图 1－13　安装固定钳身　　　　　　图 1－14　安装螺母

（2）装入螺母 3 上的紧固螺钉并旋紧，安装螺母 3，如图 1－14 所示。

（3）将活动钳身 10 推入固定钳身 7 中，使丝杠 11 对准螺母 3 上的螺孔，然后顺时针转动丝杠手柄 12，完成活动钳身 10 的安装。

注意：当活动钳身 10 推入固定钳身 7 中，需用手托住其底部，防止突然掉落而造成损坏和砸伤人员。

【任务小结】

通过本任务的学习和训练,能够掌握台虎钳的保养,学会在工作中保护自身的安全,养成良好的职业素质。在任务训练中,应努力做到以下几点:

(1) 拆装活动钳身时,注意防止其突然掉落。

(2) 对拆卸后的部件应做检查,有损伤部件,应即时修复或更换。

(3) 维护时,应针对各移动、转动、滑动部件做清洁和润滑处理。

(4) 拆下的部件沿单一方向顺序放置,注意排例整齐;安装时,按拆卸时相反的顺序,后拆的部件先装。

(5) 维护保养完成后,必须将钳工台打扫干净。

项目二　加工小榔头

本项目主要是熟悉锉刀、手锯、游标卡尺、角尺等钳工常用工具和量具，掌握其使用方法，学习划线、锉削（较大平面、窄小平面、曲面）、锯削（垂直面、斜面）、钻孔、攻螺纹等钳工基本操作方法。通过本项目的学习和训练，掌握划线、平面锉削、曲面锉削、锯削、钻削、攻螺纹、平面的形位公差检测等基本操作技能，并完成如图2-1所示的小榔头零件。

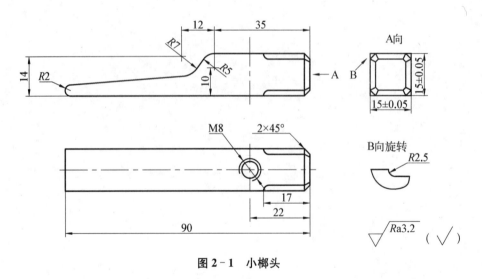

图2-1　小榔头

【学习目标】

● 掌握使用划针、划规、样冲等划线工具的方法；

● 掌握水平线、倾斜线和圆弧的划线方法；

● 掌握垂直面、斜面的锯削与锉削操作；

- 掌握曲面的锉削与检测方法；
- 掌握小平面的锉削操作；
- 掌握钻孔操作；
- 掌握攻螺纹操作。

任务一　加工基准面

【知识点】

➤ 基准面的概念；
➤ 平面划线；
➤ 平面锉削方法；
➤ 平面度的检测方法。

【技能点】

学会平面划线、平面锉削的方法和平面度检测方法。

【任务导入】

在实际操作中,通常工件的第一个被加工的面就是基准面。基准面是为了保证加工精度和便于测量,在工件上选定的一个特定的面。基准面的加工精度对后续加工的影响极大,需要充分认识基准面加工的重要性。

将小榔头先加工成四棱柱,选择小榔头的底面为基准面进行加工。本任务需要完成如图2-2所示小榔头的基准面加工。

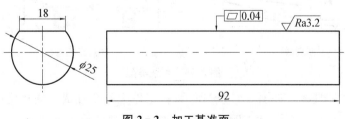

图2-2　加工基准面

【知识准备】

一、毛坯材料

毛坯选用 $\phi25\times92$ 的圆钢(两端面为车削面,无需加工)。

材料使用 45 钢,这是一种常见的优质碳素结构钢。

钢中所含杂质较少,常用来制造比较重要的机械零部件,一般需要经过热处理改善性能。

优质碳素结构钢的牌号用两位数字表示,此数字表示钢的平均含碳量的万分数,例如 45 表示含碳量为 0.45% 的优质碳素结构钢。

二、划线

1. 划线概述

划线是根据图样或实物的尺寸,在毛坯或工件上,用划线工具划出待加工部位的轮廓线或作为基准的点、线的操作。

2. 划线的种类

(1) 平面划线。如图 2-3(a)所示,只需在工件的一个表面上划线后即能明确表示工件加工界线的,称为平面划线。如在板料、条料表面上划线,在法兰盘端面上划钻孔加工线等都属于平面划线。

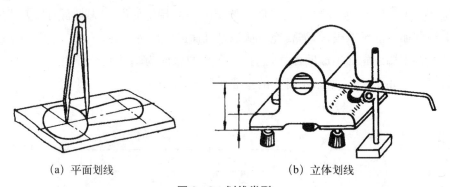

(a) 平面划线   (b) 立体划线

图 2-3 划线类型

(2) 立体划线。如图 2-3(b)所示,在工件上几个互成不同角度(通常是互相垂直)的表面上划线,才能明确表示工件加工界线的称为立体划线。如划出矩形块各表面的加工线以及支架、箱体等表面的加工线都属于立体划线。

3. 划线的作用

（1）确定工件加工面的位置和加工余量，使机械加工有明确的尺寸界线。

（2）便于复杂工件在机床上安装，可以按划线找正定位。

（3）能够及时发现和处理不合格的毛坯，避免加工后造成损失。

（4）采用找正与借料方法划线可以使误差不大的毛坯得到补救，零件加工后仍能符合要求。

4. 划线的要求

划线时，要求划出的线条清晰均匀，同时要保证尺寸准确。立体划线时要注意使长、宽、高三个方向的线条互相垂直。

提示

由于划出的线条总有一定的宽度，以及在使用划线工具和测量调整尺寸时难免产生误差，所以划线不可能做到绝对准确，一般划线精度能达到0.25～0.5 mm。因此，不能依靠划线直接确定加工时的最后尺寸，必须在加工过程中，通过测量来保证尺寸精度。

5. 划线工具

（1）划线平板。划线平板是划线时的基准平面，用来安放工件，然后在工件加工面上完成划线过程，一般为铸铁材质，如图2-4所示。

图 2-4 划线平板

划线质量与划线平板的平整性有关，在使用过程中应注意以下几点。

● 放置时，应使划线平板工作表面处于水平状态。

● 划线平板工作表面应经常保持清洁。

● 各处应均匀使用，防止局部磨损。

● 工件和工具在划线平板上要轻拿轻放，不可损伤划线平板的工作表面，更不得撞击或敲打划线平板。

● 划线平板用后要擦拭干净，并涂上机油防锈。

（2）V形铁。V形铁可由碳素钢制成，淬火后经磨削加工，如图2-5所示。

划线的时候，工件要靠紧V形铁，并垂直于划线平板。

图 2-5 V形铁

V形铁还可以用来安放圆柱形工件,使工件轴线与平板平行,便于划出中心线。

（3）高度游标卡尺。高度游标卡尺是一种精密量具,其精度一般为 0.02 mm,如图 2-6 所示。

高度游标卡尺既可以测量工件的高度尺寸,又可以作为划线工具,用量爪直接划线,常用于在工件已加工表面上划线。

图 2-6　高度游标卡尺

> **提 示**
>
> 为了使划线清楚,在划线之前可以在工件表面涂上划线涂料。毛坯件可涂白灰水,已加工表面可涂红丹或蓝油。为方便操作,对已加工表面可以选择专用的钳工划线水。
>
> 划线必须要在涂料干燥后才能进行。

三、锉削平面

1. 锉削概述

锉削是用锉刀对工件表面进行切削加工,使工件达到零件图样所要求的形状、尺寸精度和表面粗糙度的加工方法,是钳工的主要操作方法之一。锉削精度最高可达 0.01 mm,表面粗糙度可达 Ra 1.6 μm。

2. 锉削工具

锉刀是锉削的工具,用碳素工具钢制成,经热处理淬硬,切削部分硬度可达 62HRC 以上。

锉刀由锉身和锉柄两部分组成,如图 2-7 所示。

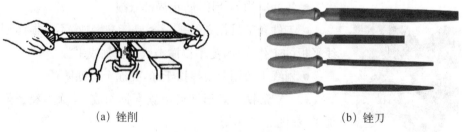

(a) 锉削　　　　　　　　　　　　　　　(b) 锉刀

图 2-7　锉削和锉刀

3. 检测工具

(1) 钢直尺。钢直尺是一种简单的测量工具和划直线的导向工具,测量精度为 0.5 mm。钢直尺的长度规格有 150 mm、300 mm 和 500 mm 等,用于检测尺寸公差较大的工件。钢直尺一般有公制尺寸和英制尺寸两种刻线,其换算关系是:1 英寸(in)=25.4 毫米(mm),1 英尺=12 英寸。

图 2-8 钢直尺

(2) 刀口直尺。刀口直尺是用透光法检测平面零件直线度和平面度的常用量具。刀口直尺有 0 级和 1 级两种精度,常用的规格有 75 mm、125 mm 和 175 mm等。

(3) 90°角尺。90°角尺可作为划垂直线或平行线的导向工具,还可用来找正工件在划线平板上的垂直位置,另外,90°角尺可用于检验 90°角,测量两垂直面的垂直度误差,也可当作直尺测量单个平面的直线度和平面度。

常用的有宽座角尺和刀口角尺两种。

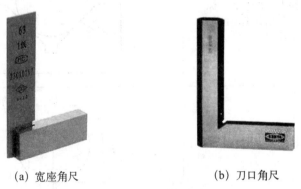

(a) 宽座角尺　　　　　(b) 刀口角尺

图 2-9　90°角尺

提示
　　测量前应把量具和工件的测量面擦干净,以免影响检测精度,减少量具磨损;使用时不要和其他工、量具放在一起;使用完毕,及时擦净、涂油,以免生锈;如发现刀口角尺一类的精密量具不正常时,应交送专业部门检修。

【活动一】 工艺分析

要求：分析基准面的加工工艺。

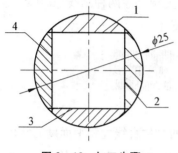

图 2－10　加工步骤

毛坯的两个端面为机加工表面，无须再进行加工，选择四个侧面中的平面 1 为基准面，加工顺序如图 2－10 所示，本任务只加工基准面。

注意：在本书的加工示意图中，使用不同形式的剖面线强调被加工部分，使用双点划线表示将要加工出的形状，用细实线强调划线。

本任务的加工步骤如表 2－1 所示。

表 2－1　小榔头基准面加工步骤

步骤	加 工 内 容	图　　　示
1	毛坯放置在 V 形铁上，用高度游标卡尺划基准面的加工线	
2	锉削基准面	

【活动二】 平面划线

要求：划出基准面加工线。

划线时，工件用 V 型块定位，由高度游标卡尺划出线条，划线高度如图 2－11 所示，$h = H - X$，$X = \dfrac{D}{2} - \dfrac{L}{2}$，则工件上的划线高度计算公式为

$$h = H - \left(\frac{D}{2} - \frac{L}{2} \right)$$

式中：H 为高度游标卡尺测得工件最高点的高度值；

h 为工件上的划线高度。

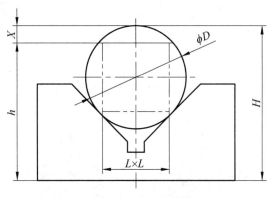

图 2-11 划线高度的计算

本任务中 $D = 25\,\text{mm}$，$L = 15\,\text{mm}$，所以，$h = H - \left(\frac{25}{2} - \frac{15}{2} \right) = H - 5$。

【活动三】 平面锉削

要求：掌握锉削方法，锉削基准面，宽度≥18 mm。

（1）锉刀的握持。用右手握锉刀柄，柄端顶住掌心，大拇指放在柄的上部，其余手指由下而上满握锉刀柄。左手的握锉姿势有两种，将左手拇指肌肉压在锉刀头上，中指、无名指捏住锉刀前端，也可用左手掌斜压在锉刀前端，各指自然放平。如图 2-12 所示。

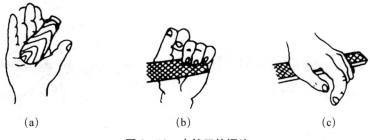

(a)　　　　　　(b)　　　　　　(c)

图 2-12 大锉刀的握法

锉削时,右手用力推动锉刀,并控制锉削方向,左手使锉刀保持水平位置,并在回程时消除压力或稍微抬起锉刀。

> **提示**
>
> 推出锉刀时,双手加在锉刀上的压力应保持锉刀平稳,不得使锉刀上下摆动,这样才能锉出平整的平面。锉刀的推力大小主要由右手控制,而压力大小是由两手同时控制的。
>
> 锉削速度应控制在每分钟 30～45 次。

(2) 平面锉削的姿势。平面锉削的姿势如图 2-13 所示。

图 2-13　锉削姿势

(3) 平面锉削时的用力。锉削平面时,为保证锉刀平稳运动,双手的用力情况是不断变化的,如图 2-14 所示。

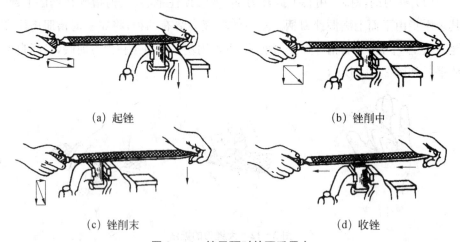

(a) 起锉　　　　　　　　　　　　　(b) 锉削中

(c) 锉削末　　　　　　　　　　　　(d) 收锉

图 2-14　锉平面时的两手用力

起锉时,左手下压力较大,右手下压力较小。

锉削中,随着左手下压力逐渐减小,右手下压力逐渐增大。

锉削末,左手下压力较小,右手下压力较大。

收锉时,两手没有下压力。

(4)平面锉削的方法。平面锉削的方法有顺向锉、交叉锉和推锉三种,如图 2-15 所示。采用顺向锉时,锉刀的运动方向与工件轴向始终一致。采用交叉锉时,锉刀运动方向与工件夹持方向约为 35°角。当锉削狭长平面时,可采用推锉。

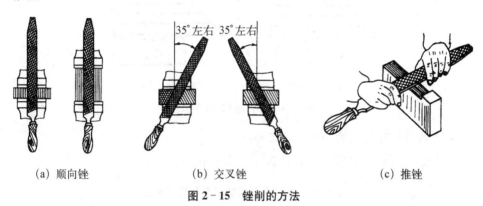

（a）顺向锉　　　　　　　（b）交叉锉　　　　　　　（c）推锉

图 2-15　锉削的方法

采用顺向锉,表面粗糙度最好;采用交叉锉,平面度最易保证;采用推锉,能保证平面度和表面粗糙度,但效率低。实践中,应根据具体情况选择合适的方法,交叉锉法一般只适用于粗锉,精锉时必须采用顺向锉法,使锉痕变直,纹理一致。本任务采用顺向锉和交叉锉加工。

【活动四】　平面度测量

要求:通过平面度检测,控制基准面的平面度,完成基准面的锉削加工。

检测平面度的量具常用刀口直尺或刀口角尺。测量时,使量具垂直于被测平面,对着光源观察,当不能透光或是透过的光线均匀一致时,表明平面质量较好。如图 2-16 所示,(b)图平面质量较好。

【任务实施】

1. 选择工具和量具

钢直尺、高度游标卡尺、刀口直尺、划针、锉刀、划线平板等。

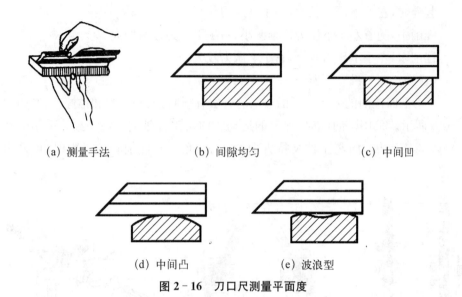

(a) 测量手法   (b) 间隙均匀   (c) 中间凹

(d) 中间凸   (e) 波浪型

图 2 - 16　刀口尺测量平面度

2. 质量检查的内容和成绩评定标准

以表 2 - 2 的格式实施质量检查和成绩评定。

表 2 - 2　小榔头基面加工检测与评价表

序号	检测内容	配分	量具	检测结果	学生评分	教师评分
1	15	10′				
2	▱ 0.04	20′				
3	$Ra3.2$	20′				
4	文明生产	违纪一项扣 10′				
合　　计		50′				

【任务小结】

通过本任务的学习和训练,能够掌握基准面的加工方法和平面度的检测方法,理解基准面对后续加工的重要作用。划线操作时,每条线只能划一次,双手配合要协调。平面锉削中,只有拉长锉刀的运动行程,才能降低锉削的速度,最终能达到控制锉削质量的目的。

任务二 加工垂直面

【知识点】

➤ 锯削方法；

➤ 垂直度的检测方法。

【技能点】

学会锯削操作以及垂直度的检测方法。

【任务导入】

为了提高加工效率，对余量比较大的工件，可采用先锯削、再锉削的方式进行加工。本任务就是采用先锯削、再锉削的工艺，完成如图 2-17 所示小榔头的垂直面加工。

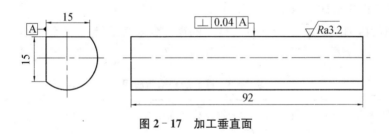

图 2-17 加工垂直面

【知识准备】

一、锯削工具

锯削是用手锯对工件或材料进行分割的一种切削加工方法，是钳工的主要操作方法之一，如图 2-18 所示。锯削的工具是手锯，手锯由锯弓和锯条组成。

1. 锯弓

锯弓用于安装锯条，分为固定式和可调式两种，如图 2-19 所示。

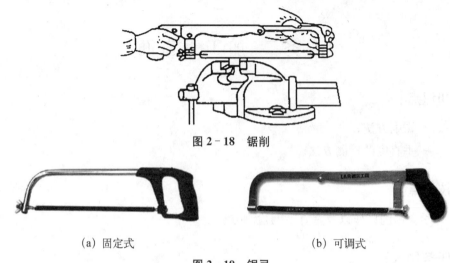

图 2-18 锯削

（a）固定式 （b）可调式

图 2-19 锯弓

2. 锯条

锯条用来直接切割工件。

锯条一般由渗碳钢冷轧制成，经热处理淬硬后才能使用。锯条的长度以两端装夹孔的中心距来表示，常用的锯条长度为 300 mm。

锯齿粗细以锯条每 25 mm 长度内的锯齿数来表示，锯齿粗细的分类及应用见表 2-3。

表 2-3 锯齿的规格与应用

锯齿粗细	每 25 mm 内的锯齿数（牙距）	应　　　　用
粗	14～18(1.8 mm)	锯割铜、铝等软材料
中	19～23(1.4 mm)	锯割钢、铸铁等中硬材料
细	24～32(1.1 mm)	锯割硬钢材及薄壁工件

锯割厚度大于 10 mm 的工件一般选用中齿锯条。

二、锯路

锯条制造时，将全部锯齿按一定规律交叉排列或波浪排列成一定的形状，称为锯路，如图 2-20 所示。

锯路的作用是使工件上锯缝的宽度大于锯条背部厚度，从而减小了锯缝对

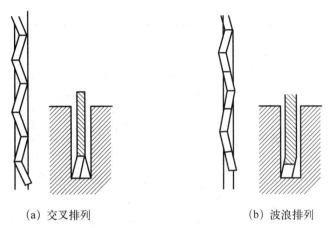

（a）交叉排列　　　　　　　　　　（b）波浪排列

图 2 - 20　锯路

锯条的摩擦，使锯条在锯削时不被锯缝夹住或折断。

更换新锯条时，由于旧锯条的锯路已磨损，使锯缝变窄而卡住新锯条。这时不要急于将锯条强行塞入锯缝，应先用新锯条低速地在原锯缝处锯削，待原锯缝被加宽以后，再正常锯削。

【活动一】　工艺分析

要求：分析垂直面的加工工艺。

完成基准面的加工后，与之相邻的两个面需要对其保持垂直关系，选择两个相邻面中的一个面作为第二个加工面，既要保证平面度，又要保证与基准面的垂直度。

本任务的加工步骤见表 2 - 4。

表 2 - 4　小榔头垂直面加工步骤

步骤	加　工　内　容	图　　　　　示
1	工件放置在划线平板上，并以第一面靠住 V 型铁，用高度游标卡尺划垂直面的加工线	划线　20

步骤	加 工 内 容	图 示
2	锯削垂直面	锯削面 20.3
3	锉削垂直面	锉削面 20

【活动二】 划线

要求: 划出垂直面加工线。

根据图 2-21 所示,由数学知识可得: $h = D/2 + L/2, D = 25 \text{ mm}, L = 15 \text{ mm}$,

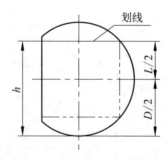

图 2-21 划垂直面加工线的计算

所以，$h = \dfrac{25}{2} + \dfrac{15}{2} = 20$。

【活动三】 锯削的准备

要求：正确组装手锯、装夹工件。

（1）锯条的装夹。锯条的装夹如图 2-22 所示。

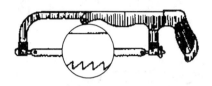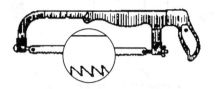

（a）装夹正确 （b）装夹错误

图 2-22 锯条的装夹

提示

锯齿方向必须向前，如图 2-22(a)所示；

锯条松紧应适当，一般用手扳动锯条，感觉硬实不会发生扭曲即可；

锯条平面应在锯弓平面内，或与锯弓平面平行。

（2）工件的装夹。工件的装夹如图 2-23 所示，锯割位置应处于钳口以外。

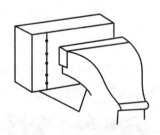

图 2-23 锯削时工件的装夹

【活动四】 锯削

要求：完成垂直面的锯削，留余量约 0.3 mm。

（1）锯削姿势如图 2-24 所示。

（2）锯削方法。有直线往复式和摆动式两种，如图 2-25 所示。

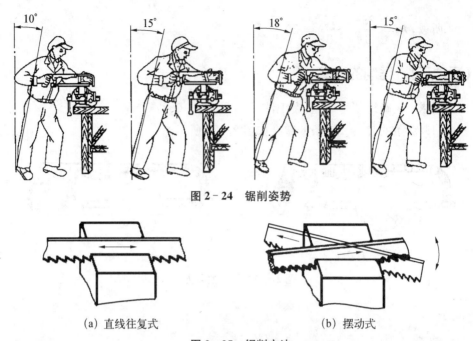

图 2-24　锯削姿势

（a）直线往复式　　　　　　　　　（b）摆动式

图 2-25　锯削方法

提示

　　为保证锯削面的平直,锯条前推时要向下施加压力以实行切削;锯条退回时,稍向上提起手锯以减少锯条的磨损;锯削的开始和终了,压力和速度均应减小。锯削速度一般为每分钟 30～45 次,手锯的往复长度不小于锯条长度的3/4。

　　注意:锯削时,为了保护已加工好的基准面不被钳口夹伤,需要采用软钳口（铜皮或铝皮制成）保护该表面,软钳口放置如图 2-26 所示。

图 2-26　软钳口

【活动五】 垂直度的检测

要求：通过垂直度检测，控制加工面与基准面的垂直度。

刀口角尺的基座 2/3 以上靠在基准面上，慢慢向下移动尺身，直到刀口部分接触到被测量面时，再对着光源观察，当不能透光或透过的光线均匀一致时，表明垂直度质量较好。当测量结果为内透光时，表示被测角度大于 90°。反之，表示被测角度小于 90°。

由于本任务中的平面狭长，需要在长度方向上多测量几个截面的垂直度，一般选左、中、右三个截面分别测量，各个位置都能保证垂直间隙小于 0.04 mm，说明垂直度合格，各测量位置如图 2-27 所示。

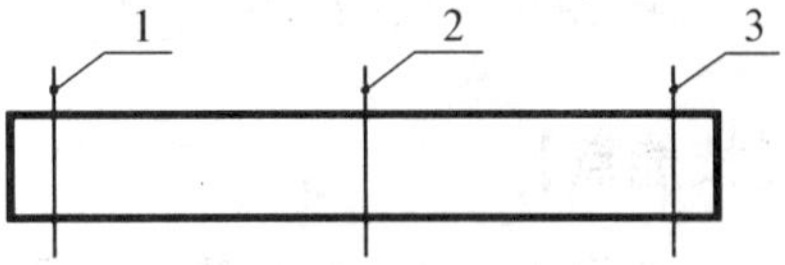

图 2-27 垂直度的测量位置

【任务实施】

1. 选择工具和量具

钢直尺、高度游标卡尺、90°刀口角尺、锉刀、手锯、划线平板等。

2. 质量检查的内容和成绩评定标准

以表 2-5 的格式实施质量检查和成绩评定。

表 2-5 小榔头垂直面加工检测与评价表

序号	检测内容	配分	量具	检测结果	学生评分	教师评分
1	15（两处）	5′×2				
2	▱0.04	15′				
3	⊥ 0.04 A	15′				
4	Ra3.2	10′				
5	文明生产	违纪一项扣10′				
合　　计		50′				

【任务小结】

通过本任务的学习和训练，能够掌握垂直面的加工方法和垂直度的检测方法。锯削时,只有先拉长手锯的行程,才能降低锯削的速度,最终能达到控制锯削质量的目的。

任务三 完成四棱柱

【知识点】

➤ 游标卡尺的使用与保养;
➤ 游标卡尺的识读。

【技能点】

学会用游标卡尺检测工件尺寸。

【任务导入】

为了保证小榔头的尺寸公差,需要使用测量工具来检测。游标卡尺作为常用的钳工量具,用于中等尺寸精度零件的检测。本任务要学会使用游标卡尺来测量和控制工件尺寸,并完成如图 2-28 所示的四棱柱。

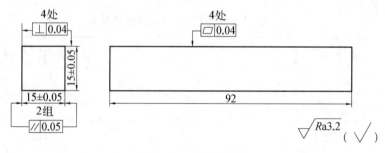

图 2-28 完成四棱柱

【知识准备】

一、游标卡尺的种类

游标卡尺是一种中等精度的量具,可以直接测量工件的外径、内径、长度、宽度、深度和孔距等尺寸。游标卡尺的测量范围有 0~125 mm、0~150 mm、0~

200 mm、0～300 mm 等,各类游标卡尺如图 2 - 29 所示。

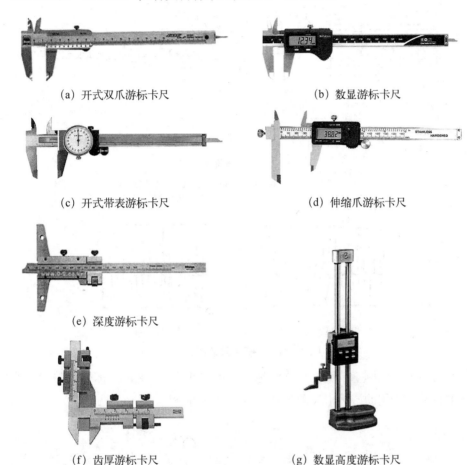

(a) 开式双爪游标卡尺　　　　　　(b) 数显游标卡尺

(c) 开式带表游标卡尺　　　　　　(d) 伸缩爪游标卡尺

(e) 深度游标卡尺

(f) 齿厚游标卡尺　　　　　　(g) 数显高度游标卡尺

图 2 - 29　各类游标卡尺

二、游标卡尺的结构

游标卡尺主要由尺身和游标组成,其结构如图 2 - 30 所示。

三、游标卡尺的识读

(1) 读整数,读出游标上零线左面尺身的毫米整数。

(2) 读小数,读出游标上哪一条刻线与尺身刻线对齐。

(3) 把尺身和游标上的两个刻度读数相加即为测得尺寸,如图 2 - 31 所示。

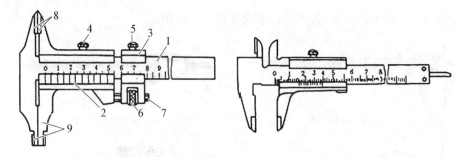

（a）可微动调节的游标卡尺　　　　　（b）带测深杆的游标卡尺

图 2－30　游标卡尺

1-尺身(主尺)；2-游标(副尺)；3-辅助游标；4-锁紧螺钉；
5-螺钉；6-微调螺母；7-螺杆；8-内测量爪；9-外测量爪

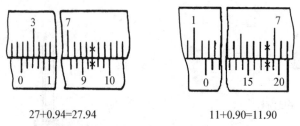

27+0.94=27.94　　　　　　　11+0.90=11.90

图 2－31　游标卡尺的读数方法

游标卡尺的测量精度是指该游标卡尺的最小示数，也是游标(副尺)上 1 小格的读数。常用的游标卡尺测量精度有 0.05 mm 和 0.02 mm 两种。

提示

游标上 1 小格的读数是主尺与副尺每格刻线距离的差值，一般有 0.02 (1/50)mm 和 0.05(1/20)mm 两种；

0.02 游标上的所写的数字为小数点后第一位读数；

0.05 游标上的所写的数字为当前的格数，读数时需要用格数乘以 0.05 mm。

四、游标卡尺的保养

（1）不允许把游标卡尺的两个测量爪当做螺钉扳手用，也不能把测量爪的尖端作为划线工具、圆规等使用。

（2）游标卡尺不得靠近磁性体，使用时必须放置在游标卡尺盒盖等清洁处。

（3）移动游标卡尺的副尺和微动装置时，不要忘记松开紧固螺钉；但也不要松得过量,以免螺钉脱落丢失。

(4)测量结束后要把游标卡尺平放,尤其是大尺寸的卡尺更应注意,否则尺身会弯曲变形。

(5)带深度尺的游标卡尺,用完后,要把测量爪合拢,否则较细的深度尺露在外边,容易变形甚至折断。

(6)游标卡尺使用完毕,要擦净上油,放到游标卡尺盒内,以避免锈蚀或弄脏。

【活动一】 工艺分析

要求:分析四棱柱最后两个面的加工工艺。

完成相互垂直的两个基准面后,剩余的两个面要分别与相对的平面保证尺寸和平行度,同时与之相邻的两个平面也需要保证垂直度。因此,剩余的两个平面既要保证平面度,又要保证与相对面的平行度、与相邻面的垂直度。最后,还要保证尺寸。

本任务的加工步骤见表2-6。

表2-6 四棱柱剩余表面的加工步骤

步骤	加 工 内 容	图 示
1	工件放置在平板上,用高度游标卡尺划第三、第四加工面的加工线	
2	锯削第三个平面	

步骤	加 工 内 容	图 示
3	锉削第三个平面，并保证尺寸和形位公差	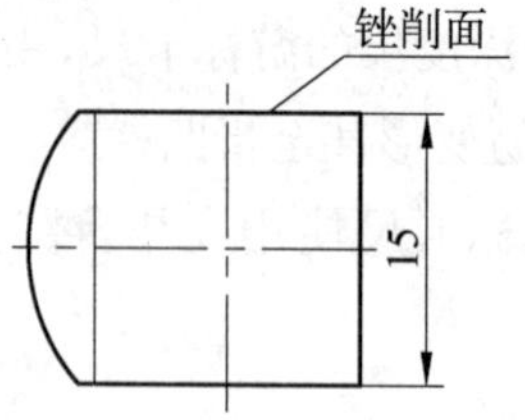 锉削面 15
4	锯削第四个平面	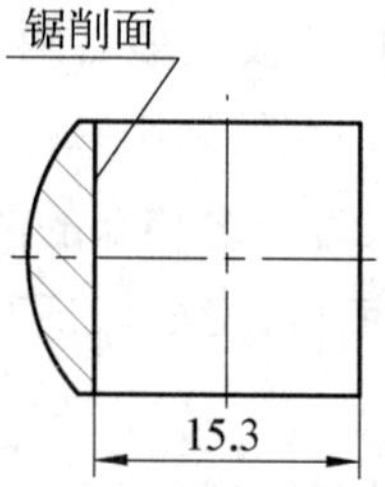 锯削面 15.3
5	锉削第四个平面，并保证尺寸和形位公差	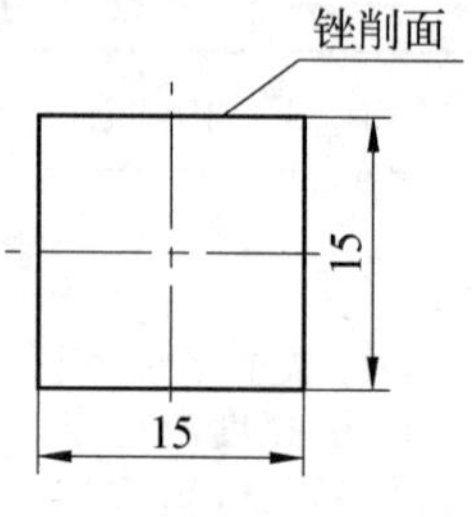 锉削面 15 15

【活动二】 平行度的检测

要求：保证平面之间的平行度。

两平面之间的平行度，可以用检测两平面对同一平面的垂直度来获得。

（1）第三面与基准面（如图 2 - 10 所示）的平行度。检测第三面与第二面的垂直度，间接保证第三面与基准面的平行度。

（2）第四面与第二面的平行度。检测第四面与基准面的垂直度，间接保证第四面与第二面的平行度。

【活动三】 尺寸的检测

要求：保证四棱柱的尺寸 15±0.05 mm(两组)。

游标卡尺的测量方法：

(1) 将工件和游标卡尺的测量面擦干净。

(2) 校准游标卡尺的零位,此时主尺和游标的零线要对齐。

(3) 测量时,外量爪应张开到略大于被测尺寸。

(4) 先将尺身量爪贴靠在工件测量基准面上,然后轻轻移动游标,使外量爪贴靠在工件另一面上,如图 2-32 所示。

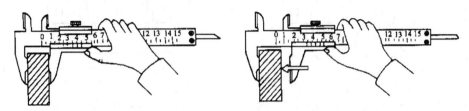

图 2-32 游标卡尺的使用方法

和垂直度的检测相同,本任务的尺寸检测也需要至少在长度方向上选三个点,分别测量尺寸。

> **提示**
>
> 四棱柱的形状公差、位置公差和尺寸公差三个要求中,形状公差(平面度)最为重要。在一个平面上不同位置测得的尺寸,其差值可以反映该平面的平行度数值。当几处尺寸值非常接近,差值小于平行度要求时,可以判断平行度符合要求。

【活动四】 读尺练习

表 2-7 游标卡尺读尺练习

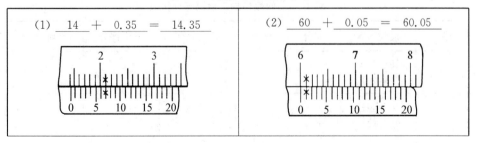

(1) __14__ + __0.35__ = __14.35__

(2) __60__ + __0.05__ = __60.05__

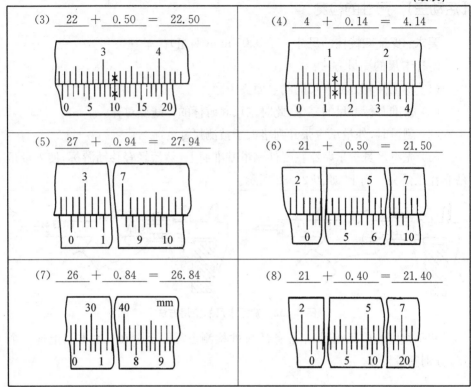

【任务实施】

1. 选择工具和量具

游标卡尺、高度游标卡尺、90°刀口角尺、锉刀、手锯、划线平板等。

2. 质量检查的内容和成绩评定标准

以表2-8的格式实施质量检查和成绩评定。

表2-8　四棱柱加工检测与评价表

序号	检测内容	配分	量具	检测结果	学生评分	教师评分
1	15±0.05（两处）	$11' \times 2$				
2	▱ 0.04（四处）	$7' \times 4$				

序号	检测内容	配分	量具	检测结果	学生评分	教师评分
3	⊥ |0.04| A （四处）	$7' \times 4$				
4	// |0.05| （两处）	$7' \times 2$				
5	$Ra3.2$（四处）	$2' \times 4$				
6	文明生产	违纪一项扣 $10'$				
合　计		$100'$				

【任务小结】

通过本任务的学习和训练,能够掌握游标卡尺检测工件尺寸的方法,并用游标卡尺控制工件的尺寸精度。用90°刀口角尺检测工件的垂直度和平行度,并控制其精度。

任务四　加工斜面与曲面

【知识点】

➢ 划针、划规、半径规的使用;

➢ 斜面与圆弧的划线;

➢ 斜面的锯割与锉削方法;

➢ 曲面的加工方法;

➢ 曲面轮廓的检测方法。

【技能点】

学会划针、划规的使用,斜面和曲面的加工方法。

【任务导入】

本任务主要学习划针、划规、直尺的使用,进一步练习平面划线;学习倾斜平面的锯削、锉削技能,曲面的锉削和检测技能。通过练习,完成如图 2-33 所示斜面和曲面的加工。

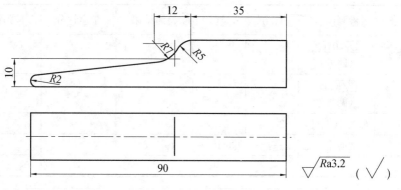

图 2‑33 加工斜面与曲面

【知识准备】

一、所需的划线工具

1. 划针

划针是直接在工件上划线的工具,如图 2‑34(a)、(b)所示。划线时应使划针的针尖紧靠导向工具的底沿,划针向外倾斜 15°～20°,同时向前进方向倾斜 45°～75°,如图 2‑34(c)所示。

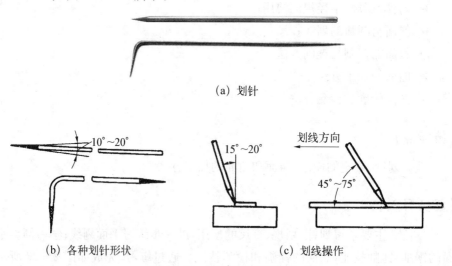

(a) 划针

(b) 各种划针形状

(c) 划线操作

图 2‑34 划针形状及其用法

2. 划规

用来划圆和圆弧、等分线段、等分角度以及量取尺寸的工具,如图 2-35(a)
所示。

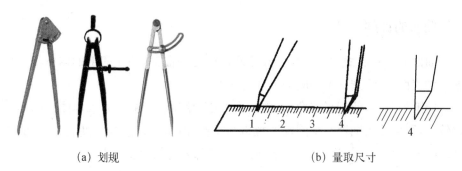

(a) 划规   (b) 量取尺寸

图 2-35 划规及其量取尺寸

为保证量取尺寸的准确,应把划规脚尖部放入钢直尺的刻度槽中,如图 2-
35(b)所示。

3. 样冲

用于在工件线条上打样冲眼,作为加工界限标志和划圆弧或钻孔时的定位
中心,如图 2-36 所示。为了提高样冲眼的准确性,样冲需要磨得圆且尖。

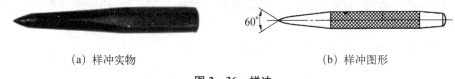

(a) 样冲实物   (b) 样冲图形

图 2-36 样冲

二、曲面的检测量具

半径规(R 规)是用来测量工件半径或圆度的量具,如图 2-37 所示。

图 2-37 半径规

半径规由多个薄片组合而成,薄片制作成不同半径的凹圆弧或凸圆弧,测量时,选择半径合适的薄片,靠在所测圆弧上,根据间隙大小,判断工件圆弧的质量高低。

三、曲面的锉削工具

曲面分为外曲面和内曲面。圆弧凸起的是外曲面,圆弧凹下的内曲面。根据工件表面形状,选择不同断面形状的锉刀。

锉削外曲面,使用平锉即可;锉削内曲面,使用半圆锉。如果内曲面的半径比较小,则可使用圆锉。半圆锉的规格与平锉相同,均以锉身长度表示,圆锉则是以断面直径表示规格。平锉、半圆锉、圆锉都是普通钳工锉刀。

【活动一】 工艺分析

要求:分析斜面与曲面的加工工艺。

斜面与曲面加工,需要使用划针、针规,在划圆弧时,有部分圆弧的圆心位于工件之外,要借助其他表面来完成。为保证圆弧与线段之间圆滑的连接,必须准确求出圆弧的圆心及所连接线段的半径。斜面锯割时,划线要垂直。斜面加工完成后,加工各曲面,需要保证两者之间的平滑过渡。最后,用推锉法修整斜面和曲面的锉纹。

本任务的加工步骤如表 2-9 所示。

表 2-9　斜面与曲面加工工艺步骤

步骤	加 工 内 容	图　　　示
1	按图示尺寸,划出斜面和曲面的轮廓线,并打样冲眼	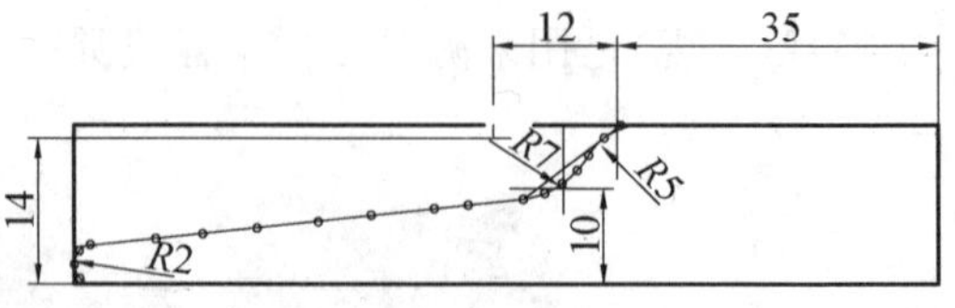
2	锯削并锉削斜面	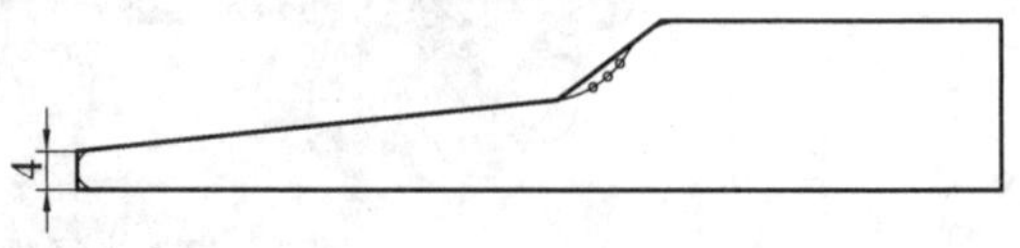

步骤	加 工 内 容	图　示
3	锉削曲面，并用推锉修整斜面与曲面的锉纹	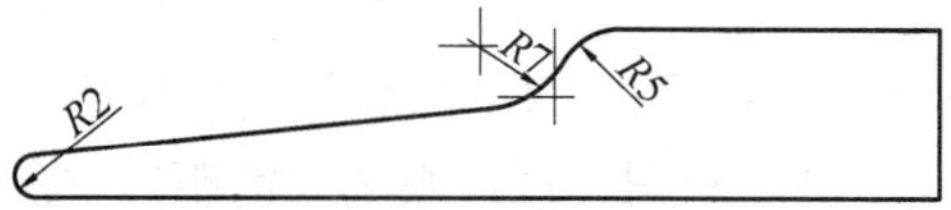 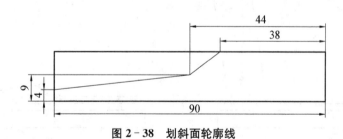

【活动二】 划线

要求：划出斜面与曲面的加工轮廓线。

（1）去毛刺。

（2）擦去工件表面油污。

（3）涂红丹。除红丹外，也可以涂蓝油。待红丹干燥后，才可以划线。

（4）划线。由于直线与圆弧的切点尺寸计算比较复杂，一般不用数学方法求得，可以采用图解法获得。在此，我们采用计算机辅助设计软件进行绘图，并在图中查找所需坐标值。

斜面轮廓线，如图 2 - 38 所示；曲面轮廓线，如图 2 - 39 所示。

图 2 - 38 划斜面轮廓线

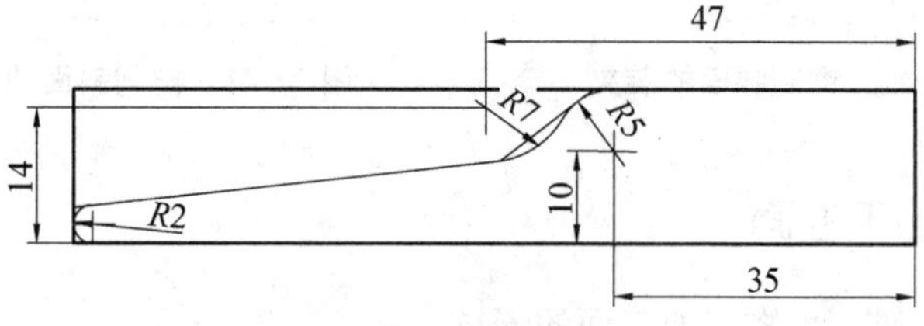

图 2 - 39 划曲面轮廓线

　　(5) 打样冲眼。打样冲眼时,先将样冲向外倾,使样冲尖端对正线中,然后立正,用小榔头轻敲。样冲眼之间的距离,视线段的长短而定,一般在直线上距离较大,在曲线上距离要小些,交点及连接点都必须打样冲眼。

【活动三】 加工斜面

　　要求:锯削并顺向锉削斜面。

　　(1) 锯削斜面,工件的装夹是关键。因为锯削面倾斜,装夹工件也必须随之倾斜,才能确保锯缝垂直于地面,便于锯削操作,装夹位置如图 2 - 40 所示。

　　注意:工件一般夹在台虎钳的一侧,划线保留在工件上。锯削时,能随时观察到划线。工件伸出钳口不应过长,锯缝离开钳口侧面约 20 mm。

　　(2) 锉削斜面。将锯削面水平夹持在台虎钳上,如图 2 - 41 所示,用平锉顺向锉削,直至划线位置,并用刀口角尺检测平面度和垂直度。最后,顺轴向修整出锉纹。

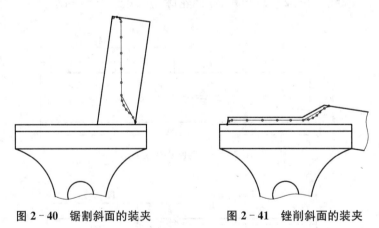

图 2 - 40　锯割斜面的装夹　　　　　图 2 - 41　锉削斜面的装夹

【活动四】 加工曲面

　　要求:锉削曲面,修整加工面的锉纹。

　　(1) 锉削内曲面(如 $R7$ 圆弧面)时,锉刀同时完成前进运动、随着曲面向左或向右的移动、绕锉刀中心线的转动等,如图 2 - 42(a)所示。锉削至划线位置后,用半径规检测圆弧半径,待合格后,用推锉修整锉纹。

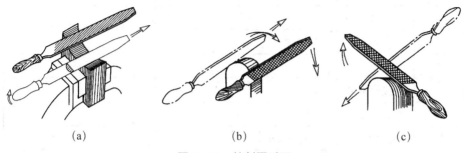

(a)   (b)   (c)

图 2 - 42 锉削圆弧面

(2) 锉削外曲面(如 $R2$ 圆弧面)时,先用锉削多边形的方法,逼近圆弧划线进行锉削。待圆弧形状基本产生后,锉刀在顺向锉削的同时完成前进运动和绕曲面回转中心的转动,如图 2 - 42(b)所示。锉削至划线位置后,用半径规检测圆弧半径,待合格后,用波浪形锉削方式修整锉纹,如图 2 - 42(c)所示。

> **提示**
>
> 曲面锉削的操作难度较大,需要特别控制力度。开始练习时,应用较小的力锉削,把主要注意力放在控制锉刀的多个运动上,使锉刀运动协调,圆弧质量才能得以保证。

(3) 曲面检测。和平面度的检测原理相同,曲面检测也采用透光法。测量时,半径规必须垂直于被检测面,如图 2 - 43所示。

图 2 - 43 曲面的检测

【任务实施】

1. 选择工具和量具

钢直尺、游标卡尺、高度游标卡尺、刀口尺、R 规、划针、划规、样冲、平锉刀、半圆锉刀、手锯、划线平板、蓝油等。

2. 质量检查的内容和成绩评定标准

以表 2 - 10 的格式实施质量检查和成绩评定。

表 2 - 10　小榔头的斜面与曲面加工检测与评价表

序号	检测内容	配分	量具	检测结果	学生评分	教师评分
1	R2	10′				
2	R7	10′				
3	R5	10′				
4	连接处质量	10′				
5	Ra3.2	10′				
6	文明生产	违纪一项扣 10′				
合　　计		50′				

【任务小结】

在本任务中,根据图样要求,使用划线工具精确划出工件的加工轮廓线。斜面加工中,要注意工件的装夹。锯削时,锯削面要垂直;锉削时,锉削面要水平。内圆曲面与平面相接时,可以先加工内圆曲面,也可以先加工平面;外圆曲面与平面相接时,先加工平面,再加工外圆曲面。

任务五　加工小平面

【知识点】

➤ 整形锉的使用;
➤ 小平面的加工方法;
➤ 圆锉的使用方法。

【技能点】

学会用整形锉加工小平面和圆锉加工 1/4 圆弧面的方法。

【任务导入】

小平面使用整形锉加工,1/4 圆弧面用圆锉加工。通过练习,完成如图

2-44所示小平面的加工。

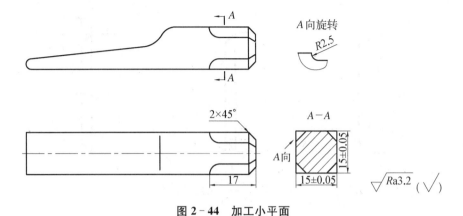

图 2-44　加工小平面

【知识准备】

一、整形工具

1. 整形锉

整形锉又称什锦锉,如图 2-45 所示。主要用于对零件进行整形加工,修整零件上细小部位的尺寸、形状位置精度和表面粗糙度。

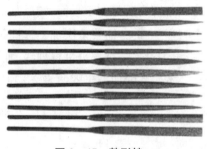

图 2-45　整形锉

2. 整形锉的使用

整形锉属于小型锉刀,握持方法如图 2-46 所示。

图 2-46　小型锉刀的握法

二、倒角

如图 2-47(a)所示,倒角处标注"2×45°",含义为:倾斜角度为 45°,如图

2-47(b)所示;两直角边长度均为 2 mm,如图 2-47(c)所示。

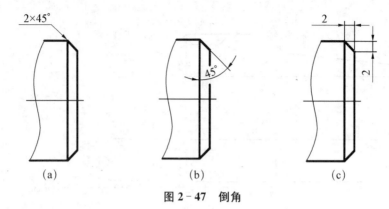

图 2-47 倒角

【活动一】 工艺分析

要求: 分析小平面的加工工艺。

小榔头后部的小平面,实质是对小榔头的侧面、四棱和底面进行倒角。在加工时,三个部分需要依次加工。即每次只划一个部分的倒角加工线,待加工完成后,再去对另一个部分进行划线、加工,直至完成全部加工面。

本任务的加工步骤如表 2-11 所示。

表 2-11 小榔头的小平面加工工艺步骤

步骤	加 工 内 容	图 示
1	划侧面 $2 \times 45°$ 倒角线	
2	锉削侧面倒角 $2 \times 45°$	
3	划 $R2.5$ 圆弧线和四棱 $2.5 \times 45°$ 倒角线	

步骤	加 工 内 容	图　　　　　示
4	锉削 *R*2.5 圆弧和四棱倒角 2.5×45°	
5	划底面的 2×45° 倒角线	
6	锉削底面倒角 2×45°	

【活动二】　侧面倒角

要求：用高度游标卡尺划线，并加工侧面倒角。

（1）划线步骤。当需要划多条尺寸相同的线时，大多使用高度游标卡尺。划线时，高度游标卡尺的调整，可按如下步骤操作（如图 2-48 所示）。

先把副尺置于所需的尺寸附近；

锁紧固定螺母 1。

调节微调螺母，使游标的零线与尺身上所需尺寸的刻线对齐。

锁紧固定螺母 2。

划线。

图 2-48　高度游标卡尺的微调

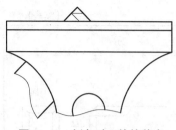

图 2 - 49　倒角时工件的装夹

（2）倒角锉削。由于倒角比较小，而且是斜面，因此，要将工件倾斜 45°装夹在台虎钳上，如图 2 - 49 所示。

倒角时，先用较大的平锉锉去多余材料，注意保持小平面的与相邻各面之间的位置关系。待加工到划线位置，再使用整形锉修整出锉纹。

【活动三】　四棱倒角

要求：用高度游标卡尺划线，并加工四棱倒角。

（1）划线。由于倒角的根部有一个 1/4 圆弧面，采用图解法，得出圆弧半径为 2 mm，用划规在工件侧面划线，其余划线与侧面倒角的划线相同。

（2）倒角锉削。工件装夹时，需将工件旋转 45°，以保证加工面呈水平面，如图 2 - 50 所示。锉削时，先用小圆锉，将 1/4 圆弧面锉出，再用平锉锉出倒角小平面。最后，用推锉法修整锉纹。

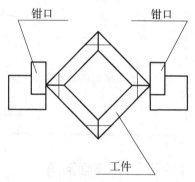

图 2 - 50　四棱倒角时工件的装夹

【活动四】　底面倒角

要求：加工底面倒角。

（1）划线。此时的工件已经有 8 个倒角小平面，继续划线时，只能使用划针和直尺。

（2）倒角锉削。工件装夹与活动二、三中相同，必须保证被加工的小平面呈水平位置，在此不再重复说明。使用平锉锉出倒角小平面，再用整形锉修整。

【任务实施】

1. 选择工具和量具

钢直尺、游标卡尺、高度游标卡尺、刀口尺、R 规、划针、划规、样冲、平锉刀、整形锉、划线平板、蓝油等。

2. 质量检查的内容和成绩评定标准

以表 2-12 的格式实施质量检查和成绩评定。

表 2-12　小榔头的小平面加工检测与评价表

序号	检测内容	配分	量具	检测结果	学生评分	教师评分
1	2×45°（四处）	5′×4				
2	R2.5（四处）	5′×4				
3	17（四处）	3′×4				
4	平面度（八处）	4′×8				
5	Ra3.2（八处）	2′×8				
6	文明生产	违纪一项扣 10′				
合　　计		100′				

【任务小结】

在本任务中,根据图样要求,使用划线工具精确划出工件的加工轮廓线。各小平面均为斜面,锉削时,要注意工件的装夹,保证锉削面水平。较细长的小平面,最后的锉纹用推锉加工完成。

任务六　钻　　孔

【知识点】

➢ 台钻的使用;
➢ 麻花钻与钻孔加工。

【技能点】

学会使用台钻钻孔。

【任务导入】

本任务主要为学习钻头的选择、钻床的操作方法、练习钻孔的技能。通过本任务的学习和训练，能够完成如图 2-51 所示小榔头螺纹底孔的加工。

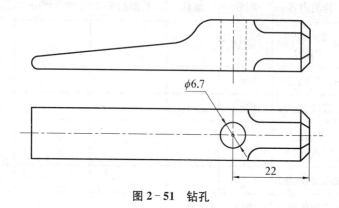

$\phi 6.7$

22

图 2-51 钻孔

【知识准备】

一、麻花钻的构成

用钻头在工件上加工孔的方法，称为钻孔，如图 2-52 所示，钻孔的工具常用麻花钻。麻花钻属于粗加工刀具，可达到的尺寸公差等级为 IT13～IT11，表面粗糙度 Ra 值为 25～12.5 μm。

图 2-52 钻孔

（1）麻花钻由柄部、颈部和工作部组成，如图 2-53 所示。两个对称的、较深的螺旋槽用来形成切削刃和前角，并起着排屑和输送切削液的作用。沿螺旋槽边缘的两条刃带用于减小钻头与孔壁的摩擦面积。

（2）麻花钻柄部形式有直柄和锥柄两种，一般直径小于 13 mm 的钻头做成直柄，直径大于 13 mm 的钻头做成锥柄，锥柄传递的扭矩较直柄大。

（3）钻头的规格、材料和商标等刻印在颈部。

（4）麻花钻的工作部分又分为导向部和切削部。麻花钻的切削部，如图 2-54 所示。

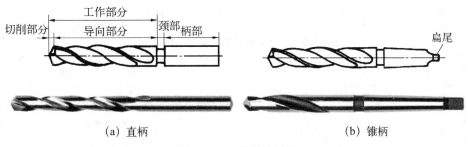

（a）直柄　　　　　　　　　　　（b）锥柄

图 2-53　麻花钻的结构

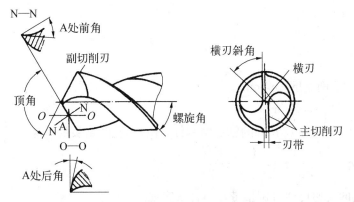

图 2-54　标准麻花钻的切削部

标准麻花钻切削部的顶角为 $118°±2°$，切削部分有两个主切削刃、两个副切削刃和一个横刃。横刃处有很大的负前角，主切削刃上各点前角、后角是变化的，钻心处前角接近 $0°$，甚至负值，对切削加工十分不利，更不利于麻花钻的定心。主切削刃全宽参加切削，切削刃各点切屑流出的速度相差很大，切屑卷曲成很宽的螺旋卷，所占体积大，容易在螺旋槽内堵住，排屑不顺利，也对切削加工不利。

导向部有很少量的倒锥，用以减小与孔壁之间的摩擦。

提示

钻孔时，钻头顶角的大小，影响主切削刃轴向力的大小。材料的强度、硬度高，顶角要磨得大一些。

钻头直径大时，宜用较低的切削速度，进给量适当减小一些。

二、转速的调整

用直径较大的钻头钻孔时，主轴转速应较低；用小直径的钻头钻孔时，主轴转速可较高,但进给量要小,切削速度参照表2-13进行选择。

表 2-13　高速钢钻头切削速度

工　件　材　料	切　削　速　度
铸铁	14～22 m/min
钢	16～24 m/min
青铜或黄铜	30～60 m/min

钻床转速公式为:

$$n = \frac{1\,000v}{\pi d}$$

式中:v 为切削速度,m/min;

$\quad$ d 为钻头直径,mm。

例:用直径为 12 mm 的钻头钻钢件,计算钻孔时钻头的转速。

解:$n = \dfrac{1\,000v}{\pi d} = \dfrac{1\,000 \times 20}{\pi \times 12} = 530 \text{ r/min}$

主轴的变速可通过调整带轮组合来实现。

三、冷却与润滑

钻孔时使用切削液可以减少摩擦,降低切削热,消除黏附在钻头和工件表面上的积屑瘤,提高孔表面的加工质量,提高钻头寿命和改善加工条件。

钻孔时要加注足够的切削液,钻各种材料选用的切削液见表2-14。

表 2-14　钻各种材料用的切削液

工　件　材　料	切　削　液
各类结构钢	3%～5%乳化液;7%硫化乳化液
不锈钢、耐热钢	3%肥皂加 2%亚麻油水溶液;硫化切削油
紫铜、黄铜、青铜	5%～8%乳化液
铸铁	不用;5%～8%乳化液;煤油
铝合金	不用;5%～8%乳化液;煤油;煤油与菜油的混合油
有机玻璃	5%～8%乳化液;煤油

按切削液的主要成分不同,其具有的润滑、冷却、防锈和清洗的功能也有所不同。精加工时,选用以润滑和防锈为主的切削液;粗加工时,选用以冷却和清洗为主的切削液。

【活动一】 工艺分析

要求:分析螺纹底孔的加工工艺。

螺纹底孔位于轴线上,为保证其位置,必要时可以划出检查圆或检查方框。

本任务的加工步骤如表 2 - 15 所示。

表 2 - 15　钻孔加工工艺步骤

步骤	加 工 内 容	图　　　　示
1	划线并打样冲眼	
2	钻孔	

【活动二】 划线

要求:划出螺纹底孔的加工线。

(1)划中心线。将工件放在划线平板上,用高度游标卡尺测出工件的实际厚度,然后将高度游标卡尺的高度调整到实际厚度的 1/2,划出中心线,如图 2-55 所示。

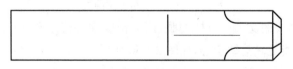

图 2 - 55　划中心线

(2)划圆心位置线。根据图样尺寸可知,圆孔直径为 $\phi6.7$ mm,孔到底面的距离为 22 mm。用高度游标卡尺划出圆心位置,如图 2 - 56 所示。

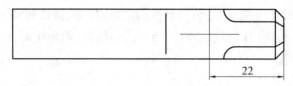

22

图 2－56　划圆心位置线

（3）划检查圆。对于钻削有位置要求的孔,应划出几个大小不等的检查圆或检查方框,以便钻孔时检查,如图 2－57 所示。

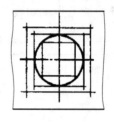

（a）检查圆　　　　　　　　　　　　（b）检查方框

图 2－57　钻孔划线

划检查圆之前,必须先在圆心位置打样冲眼,如图 2－58 所示。此时,所使用的样冲为锥度较小的尖样冲。

图 2－58　圆心位置样冲眼

本任务中,由于圆孔直径不大,只划一个检查圆即可,如图 2－59 所示。

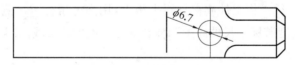

Ø6.7

图 2－59　划检查圆

最后,在划线的交叉处打样冲眼,用大锥度样冲将圆孔的中心冲眼敲大,以便钻孔时钻头能准确落钻定心,如图 2－60 所示。

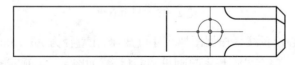

图 2－60　打样冲眼

【活动三】 钻孔

要求：钻螺纹底孔。

（1）工件的装夹。常见工件的装夹如图 2 - 61 所示。

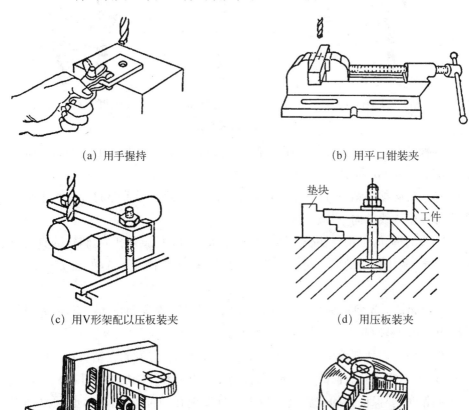

（a）用手握持　　　　　　　　　　（b）用平口钳装夹

（c）用V形架配以压板装夹　　　　　　（d）用压板装夹

（e）用角铁装夹　　　　　　　　　（f）用三爪卡盘装夹

图 2 - 61　工件的装夹方法

本活动中，工件采用平口钳装夹。工件装夹时，其表面应与平口钳的钳口平行。

（2）钻头的装拆：直柄钻头用钻夹头夹持，用钻夹头钥匙转动钻夹头旋转外套，可作夹紧或放松动作，如图 2 - 62（a）所示。钻头夹持长度不能小于 15 mm。

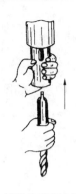

（a）在钻夹头上装拆钻头　　　（b）用钻头套装夹钻头　　　（c）用斜铁拆下钻头

图 2-62　钻头的装拆

锥柄钻头的柄部锥体与钻床主轴锥孔直接连接，需要利用加速冲力一次装接，如图 2-62（b）所示。

连接时必须将钻头锥柄及主轴锥孔擦干净，且使矩形舌部的方向与主轴上的腰形孔中心线方向一致。

钻头的拆卸，是用斜铁敲入钻头套或钻床主轴上的腰形孔内，斜铁的直边要放在上方，利用斜边的向下分力，使钻头与钻头套或主轴分离，如图 2-62（c）所示。

（3）起钻。先使钻头对准孔的中心钻出一浅坑，观察定心是否正确，并要不断校正，目的是使起钻浅坑与检查圆同心。

钻孔时使用切削液可以减少摩擦，降低切削热，消除黏附在钻头和工件表面上的积屑瘤，提高孔表面的加工质量，提高钻头寿命和改善加工条件。

起钻时，要保证孔的位置度。如果一旦发现孔的位置有偏移，必须立即纠正。偏移量不大时，可以在钻削时把工件向偏移的反方向轻推；偏移量比较大时，则需要重新起钻。

重新起钻前，一般可用錾子在起钻后的锥坑里錾出几条槽，如图 2-63所示。

（4）手动进给操作。当起钻达到钻孔的位置要求后，即可扳动手柄完成钻孔。

注意：进给用力不应使钻头产生弯曲现象，以免孔轴线歪斜，如图 2-64所示。

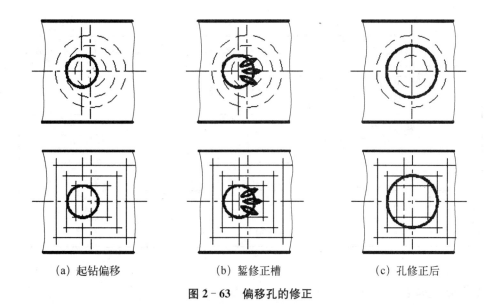

(a) 起钻偏移　　　　　　(b) 錾修正槽　　　　　　(c) 孔修正后

图 2‑63　偏移孔的修正

图 2‑64　钻头
弯曲使孔轴线歪斜

> **提示**
>
> 　　钻孔时,进给力要适当,并要经常退钻排屑,以免切屑阻塞而扭断钻头。孔将钻穿时,进给力必须减少,以防进给量突然过大而增大切削抗力,造成钻头折断,或使工件随着钻头转动造成事故。

【任务实施】

　　1. 选择工具和量具

　　游标卡尺、高度游标卡尺、划规、样冲、麻花钻、划线平板、蓝油等。

　　2. 质量检查的内容和成绩评定标准

　　以表 2‑16 的格式实施质量检查和成绩评定。

表 2‑16　小榔头的钻孔加工检测与评价表

序号	检测内容	配分	量具	检测结果	学生评分	教师评分
1	$\phi 6.7$	10'				
2	22	20'				

序号	检测内容	配分	量具	检测结果	学生评分	教师评分
3	⏥ 0.2 A（两处）	$20' \times 2$				
4	孔口倒角（两处）	$10' \times 2$				
5	$Ra6.3$	$10'$				
6	文明生产	违纪一项扣 $10'$				
合　计		$100'$				

【任务小结】

在本任务中,使用划线工具划出工件的加工轮廓线。为了保证孔的对称度,需要划出工件的中心线。钻孔时,为了保证孔的位置精度,一定要划检查框或检查圆。钻孔时,注意操作要领,正确选择切削参数和切削液。

任务七　锪孔与攻螺纹

【知识点】

➢ 攻螺纹的有关计算;
➢ 攻螺纹操作。

【技能点】

学会攻螺纹操作。

【任务导入】

本任务主要为学习攻螺纹。通过本任务的学习,掌握丝锥的选用及攻螺纹的方法,并能够完成如图 2-65 所示的螺纹加工。

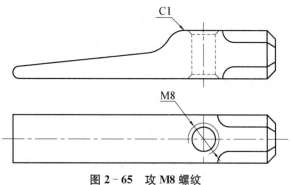

图 2 - 65　攻 M8 螺纹

【知识准备】

一、锪孔

　　锪孔是指在已加工的孔上加工圆柱形沉头孔、锥形沉头孔和凸台端面等,使用的工具是锪钻。

　　锪钻一般分柱形锪钻、锥形锪钻和端面锪钻三种,如图 2 - 66 所示。

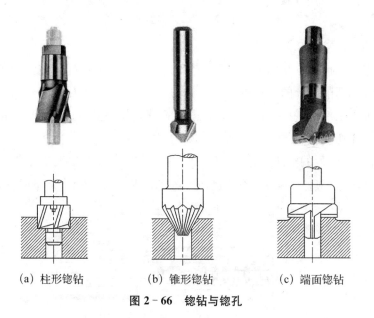

　　（a）柱形锪钻　　　　　（b）锥形锪钻　　　　　（c）端面锪钻

图 2 - 66　锪钻与锪孔

二、攻螺纹

用丝锥(如图2-67所示)加工内螺纹的方法称为攻螺纹,俗称攻丝。

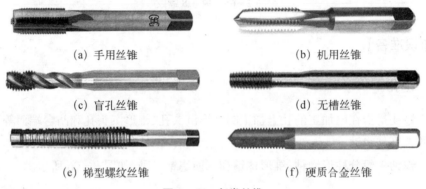

(a) 手用丝锥   (b) 机用丝锥

(c) 盲孔丝锥   (d) 无槽丝锥

(e) 梯型螺纹丝锥   (f) 硬质合金丝锥

图 2-67 各类丝锥

1. 丝锥

丝锥由工作部分和柄部组成,如图2-68所示。工作部分包括切削部分和校准部分。切削部分的锥度可使工作省力,而且起引导作用。当丝锥的切削部分全部进入工件时,就不需要再施加压力,而靠丝锥自然旋进切削。柄部的方榫是用来传递切削扭矩的。

通常小于M6的丝锥都制成三支一套,M6～M24的丝锥为两支一套,大于M24的丝锥为三支一套。以两支一套为例,分别称头攻和二攻。如图2-69所示,在一套

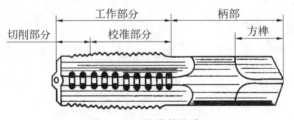

图 2-68 丝锥的构造

丝锥中,锥角最小者是头攻,使用成套丝锥时,应按先头攻再二攻的顺序。

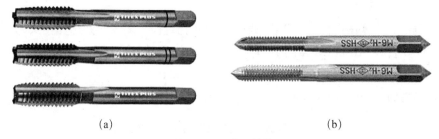

(a)	(b)

图 2-69　成组丝锥

2. 丝锥铰手

丝锥铰手是手工攻丝时使用的一种辅助工具,如图 2-70 所示。主要是夹持丝锥传递扭矩。

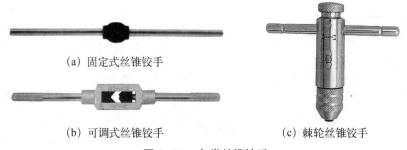

(a) 固定式丝锥铰手

(b) 可调式丝锥铰手　　　　(c) 棘轮丝锥铰手

图 2-70　各类丝锥铰手

3. 攻螺纹前螺纹底孔直径的确定

攻螺纹前螺纹底孔直径的计算方法见表 2-17。

攻螺纹时,由于丝锥对工件材料产生挤压,螺纹底孔表面材料被抬起。如果底孔直径与螺纹小径相同,则螺纹牙顶会嵌入丝锥刀齿的根部,使加工无法正常进行。

表 2-17　加工普通螺纹底孔直径计算公式

被加工材料和扩张量	底孔直径计算公式
钢和其他塑性大的材料,扩张量中等	$D_0 = D - P$
铸铁和其他塑性小的材料,扩张量较小	$D_0 = D - (1.05 - 1.1)P$

其中:D_0——攻螺纹前底孔直径;

D——螺纹公称直径；

P——螺距。

例题：计算在钢件上攻 M14 螺纹时的底孔直径为多少？并选择钻头。

解：经查表 2-18 得，M14 的 $P = 2$

钢件攻螺纹底孔直径：$D_0 = D - P = 14 - 2 = 12$

根据计算，可选用 $\phi12\ \mathrm{mm}$ 的钻头。

表 2-18　普通螺纹攻螺纹前钻底孔的钻头直径

螺纹直径 D	螺距 P	钻头直径		螺纹直径 D	螺距 P	钻头直径	
		铸铁、青铜、黄铜	钢、可锻铸铁、紫铜			铸铁、青铜、黄铜	钢、可锻铸铁、紫铜
2	0.4	1.6	1.6	12	1.75	10.1	10.2
	0.25	1.75	1.75		1.5	10.4	10.5
2.5	0.45	2.05	2.05		1.25	10.6	10.7
	0.35	2.15	2.15		1	10.9	11
3	0.5	2.5	2.5	14	2	11.8	12
	0.35	2.65	2.65		1.5	12.4	12.5
4	0.7	3.3	3.3		1	12.9	13
	0.5	3.5	3.5	16	2	13.8	14
5	0.8	4.1	4.2		1.5	14.4	14.5
	0.5	4.5	4.5		1	14.9	15
6	1	4.9	5	18	2.5	15.3	15.5
	0.75	5.2	5.2		2	15.8	16
8	1.25	6.6	6.7		1.5	16.4	16.5
	1	6.9	7		1	16.9	17
	0.75	7.1	7.2	20	2.5	17.3	17.5
10	1.5	8.4	8.5		2	17.8	18
	1.25	8.6	8.7		1.5	18.4	18.5
	1	8.9	9		1	18.9	19
	0.75	9.1	9.2				

螺纹直径 D	螺距 P	钻头直径		螺纹直径 D	螺距 P	钻头直径	
		铸铁、青铜、黄铜	钢、可锻铸铁、紫铜			铸铁、青铜、黄铜	钢、可锻铸铁、紫铜
22	2.5	19.3	19.5	24	3	20.7	21
	2	19.8	20		2	21.8	22
	1.5	20.4	20.5		1.5	22.4	22.5
	1	20.9	21		1	22.9	23

注：也可以根据螺纹公称直径，从表2-17直接查出钻头直径。

提示

　　外螺纹的加工可以采用板牙进行套螺纹，如图2-71所示。套螺纹工具如图2-72所示。操作方法与攻螺纹相似，由于材料在加工中会被挤压，因此套螺纹前圆杆直径要小于螺纹公称直径。圆杆直径可通过查有关表格或用经验公式来确定，经验公式为：

　　圆杆直径 $= d - 0.13P$ （d 为螺纹公称直径，P 为螺距）

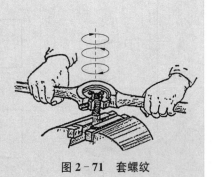

图 2-71　套螺纹

（a）六方板牙

（b）普通圆板牙

（c）可调节圆板牙

（d）四方板牙

（e）圆板牙架

图 2-72　套螺纹工具

【活动一】 工艺分析

要求：分析螺纹加工工艺。

攻 M8 螺纹，经查表 2-17 得，M8 的螺距 P 为 1.25。钢件攻螺纹底孔直径：$D_0 = D - P = 8 - 1.25 = 6.75$，因此选用 $\phi 6.7\ \text{mm}$ 的钻头。

本任务的加工工艺如表 2-19 所示。

表 2-19　小榔头的 M8 螺孔加工工艺步骤

步骤	加 工 内 容	图　　示
1	孔口倒角	
2	攻 M8×1.25 螺纹	M8

【活动二】 倒角

要求：钻 M8 螺纹的底孔并倒角。

（1）倒角。攻螺纹前螺纹底两面的孔口都需要倒角，倒角处直径略大于螺纹大径，这样可使丝锥容易切入。

同样倒角如 $1\times45°$，在不同位置时所指的含义如图 2-73 所示。

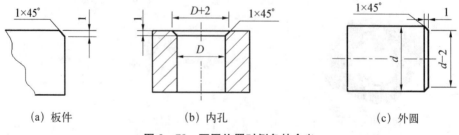

　　（a）板件　　　　　　　（b）内孔　　　　　　　（c）外圆

图 2-73　不同位置时倒角的含义

孔口处倒角可以使用直径较大的麻花钻完成。如图 2-74 所示。倒角尺寸可以通过钻床的刻度控制。精度要求不高时，可以通过目测粗略判断。

(a) 用大麻花钻倒角　　　　(b) 倒角尺寸较大　　　　(c) 倒角尺寸较小

图 2-74　孔口倒角

（2）倒角操作：

① 工件装夹在平口钳上并校平，平口钳不固定；② 安装钻头；③ 不开动钻床，用手柄下移钻头，靠到孔口；④ 利用钻头的定心作用，用手反向转动钻头，平口钳将会自动微移，保证钻头的轴线与孔的轴线重合；⑤ 开启电源，完成倒角。

> **提示**
>
> 操作手柄的进给要稳定，也不能因为阻力小而快进快退，造成圆周上明显振纹。利用钻头的定心作用时，必须保证两切削刃对称，否则无法保证钻头轴线与孔轴线的重合。

【活动三】　攻螺纹

要求：攻 M8×1.25 螺纹。

攻螺纹前，工件的装夹要求是：螺孔的轴线应处于垂直位置。

起攻的方法如图 2-75 所示，单手或双手施力的作用线与螺孔的轴线是重合的。

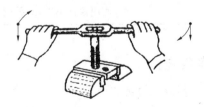

图 2-75　攻丝操作

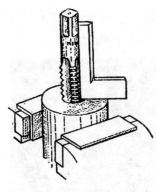

图 2-76 攻螺纹垂直度的检查

当丝锥的切削部分切入工件 1～2 圈时,应立即用 90°角尺按如图 2-76 所示的方法从两个互相垂直的方向进行检查,其目的是检查丝锥的中心线与孔的轴线之间是否重合。攻螺纹时应经常将丝锥反方向转动 1/2 圈左右,其目的是使切屑断碎,容易排出,避免切屑过长咬住丝锥。攻通孔螺纹时,丝锥校准部分不应全部攻出头,否则会扩大或损坏孔口最后几牙螺纹。

在塑性材料上攻螺纹时,为了减少切削时的摩擦和提高螺孔的表面质量,延长丝锥的使用寿命,采用机油或浓度较大的乳化液润滑。

攻螺纹时易出现的问题如表 2-20 所示。

表 2-20 攻螺纹时易出现的问题

易出现的问题	产 生 的 原 因
螺纹乱牙	1. 起攻时,左右摆动,孔口乱牙 2. 换用二、三锥时强行校正,或没旋合好就攻下
螺纹滑牙	1. 攻不通孔的较小螺纹时,丝锥已经到底仍继续转 2. 攻强度低或小径螺纹时,丝锥已经切出螺纹仍继续加压,或者攻完时连同铰杠作自由的快速转出 3. 未加适当的切削液及一直攻、套不倒转,切屑堵塞容屑槽,螺纹被啃坏
螺纹歪斜	1. 攻螺纹时,位置不正,没有检查垂直度 2. 孔口倒角不良,双手用力不均匀,切入时歪斜
螺纹形状不完整	螺纹底孔直径太大
丝锥折断	1. 底孔直径太小 2. 攻入时丝锥歪斜或歪斜后强行校正 3. 没有经常反转断屑和清屑 4. 使用铰杠不当,双手用力不均或用力过猛

【任务实施】

1. 选择工具和量具

游标卡尺、90°刀口角尺、麻花钻、丝锥、丝锥铰手等。

2. 质量检查的内容和成绩评定标准

以表 2 - 21 的格式实施质量检查和成绩评定。

表 2 - 21　小榔头的 M8 螺孔检测与评价表

序号	检测内容	配分	量具	检测结果	学生评分	教师评分
1	M8	20'				
2	1×45° （两处）	5'×2				
3	Ra1.6	10'				
4	牙型外观	10'				
5	文明生产	违纪一项扣 10'				
合　计		50'				

【任务小结】

在本任务中,攻螺纹需倒角,倒角用稍大一些的麻花钻来替代锪孔钻。攻螺纹时,为保证螺纹的加工质量,需注意头攻与二攻的使用顺序。起攻时,必须仔细检查丝锥的垂直度。

项目三 加工立方体

立方体有六个面要加工,各面既有平面度的要求,面与面之间又有平行度和垂直度要求。最终,还需要保证一定的尺寸精度和表面粗糙度。立方体练习是钳工技能的入门练习,只有通过了此项练习,才能被认为迈进了钳工之门。

本项目主要是为了学习利用平面度和尺寸检测间接保证平行度和垂直度的方法,学会千分尺的使用与识读,掌握加工立方体的工艺知识,巩固锯削、锉削等钳工基本操作技能和平面的精锉技能,通过本项目的学习和训练,能够完成如图3-1所示的立方体。

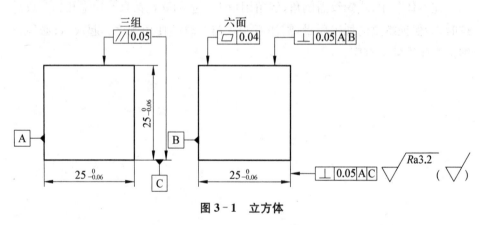

图3-1 立方体

【学习目标】

- 掌握手锯下料方法;
- 掌握立方体加工工艺;
- 掌握中小平面的顺向锉削方法;
- 掌握千分尺的使用和识读;

● 掌握中小平面间的垂直度、平行度以及尺寸的保证和检测方法。

任务一 锯削棒料

【知识点】

➤ 棒料锯削的方法；
➤ 锯缝纠偏的方法。

【技能点】

学会用手锯下料，并能保证锯削面的精度。

【任务导入】

用手锯锯削是常见的下料方法。在钳工基本操作中，锯削各种截面的操作方法是一项必不可少的学习内容。本任务中，加工立方体的毛坯是采用直径$\phi40$的45钢，由于锯削面积比较大，且被锯削面有尺寸和平面度要求，需要在加工中注意。通过本任务的学习和训练，能够完成如图3-2所示零件。

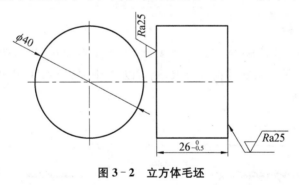

图3-2 立方体毛坯

【知识准备】

一、不同类型毛坯的锯削方法

1. 锯削厚板料

锯削厚板料的方法如图3-3所示，如果锯削面有精度要求，可采用直线式

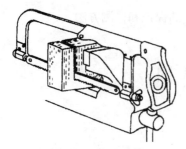

图 3-3　锯削厚板料

锯削；如果锯削面没有特殊的精度要求，则可以采用往复式锯削，以提高锯削效率。

2. 锯削薄板料

锯削薄板料时，由于锯条的齿距大于薄板厚度，锯齿会因勾挂薄板而断齿。因此，对于锯削要求较高时，可以采用夹木法，将薄板料与两块木板一并夹持在台虎钳上，连同木板一起锯下，如图 3-4(a)所示；要求不高时，可以采用横向推锯法，使锯齿与薄板接触的齿数增加，如图 3-4(b)所示。

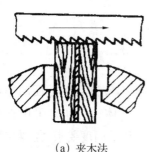

（a）夹木法

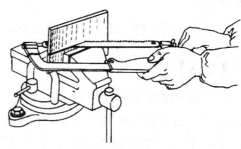

（b）横向推锯法

图 3-4　锯削薄板料

3. 锯削棒料

锯削棒料时，如果锯削面有精度要求，可采用直线式锯割，如图 3-5(a)所示；如果锯削面没有特殊的精度要求，则可以采用往转位锯削，以提高锯削效率，如图 3-5(b)所示。

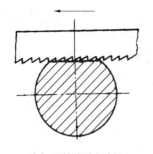

（a）圆棒直线锯削

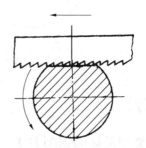

（b）圆棒转位锯削

图 3-5　锯削棒料

4. 锯削管材

管材由于壁薄，夹持时容易变形。因此要在保证夹持牢靠的前提条件下，减小夹紧力。常见的方法是将管料通过垫木进行夹持，如图 3 - 6(a)所示。与薄板的锯削相似，由于锯条的齿距大于管壁的厚度，锯齿会因勾挂薄板而断齿。所以在锯削管料时，需要不时地旋转工件进行转位锯削，如图 3 - 6(b)所示。

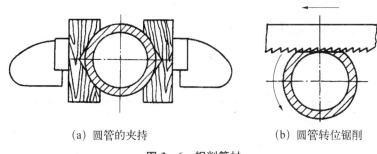

(a) 圆管的夹持　　　　　　(b) 圆管转位锯削

图 3 - 6　锯削管材

5. 锯削大型件

大型毛坯件的截面高度往往要大于手锯所能达到的最深锯缝的尺寸，因此，想要完成锯削工作，就必须将锯条转动 90°后装夹，如图 3 - 7(a)所示，或者将锯条转动 180°后装夹，如图 3 - 7(b)所示。

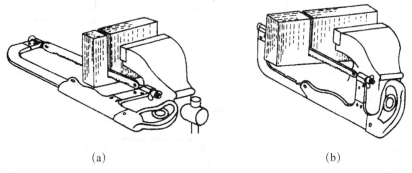

(a)　　　　　　　　　　　(b)

图 3 - 7　锯削大型件

二、锯缝纠偏

锯削时即使很小心，锯缝也不可能绝对不偏斜，当我们及时发现锯缝偏斜时，是可以纠正的。锯缝纠偏的操作方法如下：

（1）将锯弓向锯缝偏斜的反方向扳动，用摆动方式锯削。

扳动锯弓，使锯条偏向锯缝偏斜的反方向，由于锯路的作用，会使锯缝慢慢回复到正确的位置。摆动式锯割，可以增大割面，提高工作效率。

（2）锯缝接近正确位置时，扶正锯弓进行直线往复锯割。

纠偏结束，需要立即恢复锯弓的竖直状态，否则锯缝将反方向歪斜。

【活动一】 工艺分析

要求：分析立方体的加工工艺。

立方体的加工步骤如表 3-1 所示。

表 3-1　立方体的加工步骤

步骤	加 工 内 容	图　　　示
1	锯削基准面	
2	锉削基准面	

步骤	加 工 内 容	图　　　　　　　　示
3	锯削第二面（垂直面）	
4	锉削第二面（垂直面）	
5	锯削第三面（平行面）	
6	锉削第三面（平行面）	

步骤	加 工 内 容	图 示
7	锯削第四面	锯削面 $25^{+0.7}_{-0.3}$　　　$26^{0}_{-0.5}$
8	锉削第四面	锉削面 $25^{0}_{-0.06}$　　　$26^{0}_{-0.5}$
9	锉削左侧面	锉削面 $25.5^{0}_{-0.06}$　$25^{0}_{-0.06}$　　$25^{0}_{-0.06}$
10	锉削右侧面	锉削面 $25^{0}_{-0.06}$　$25^{0}_{-0.06}$　　$25^{0}_{-0.06}$

【活动二】 锯削棒料

要求：用直线锯削完成立方体的下料。

（1）装夹工件。棒料水平装夹在台虎钳上，伸出钳口 30～35 mm，长度可以用钢直尺检测。

（2）直线往复锯削下料。锯削时，需要注意以下几点：① 控制锯削速度，不可过快；② 锯削面要一次锯削完成；③ 疲劳时，双手可以休息，但双脚不得移动位置。

【任务实施】

1. 选择工具和量具

钢直尺、游标卡尺、手锯等。

2. 质量检查的内容和成绩评定标准

以表 3-2 的格式实施质量检查和成绩评定。

表 3-2 锯削棒料检测与评价表

序号	检测内容	配分	量具	检测结果	学生评分	教师评分
1	$26^0_{-0.5}$	30′				
2	$Ra25$（两处）	10′×2				
3	文明生产	违纪一项扣 10′				
合　计		50′				

【任务小结】

在本任务中，选用正确的锯削方式进行棒料锯削。由于棒料的两侧有表面粗糙度的要求，因此，要使用直线方式锯削。锯削过程中，需要及时纠正锯缝的偏斜。控制锯削速度，一个表面要一次锯削完成。

任务二　立方体的基准面加工与检测

【知识点】

➢ 塞尺的使用和保养方法；

> 平面度的检测方法；
> 锉刀的选用。

【技能点】

学会中、小平面的锉削加工和平面度的定量检测。

【任务导入】

立方体的六个面均有平面度要求，此时如果只用刀口直尺定性检测基准面的平面度，已经不能满足后续加工的需要。因此，要保证立方体精度，必须提高检测的精度。用塞尺塞入，可以比较精确地检测基准面的平面度，并获得相关数值。通过本任务的学习和训练，能够完成如图 3-8 所示的零件。

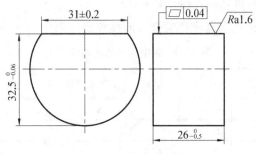

图 3-8　立方体基准面

【知识准备】

一、塞尺

塞尺是由一组具有不同厚度级差的薄钢片组成的量规，用于测量间隙尺寸，如图 3-9 所示。

在检验被测尺寸是否合格时，可以用通止法判断，也可由检验者根据塞尺与被测表面配合的松紧程度来判断，所以塞尺也是一种界限量规。

塞尺一般用不锈钢制造，最薄的为 0.02 mm，最厚的为 3 mm。在 0.02～0.1 mm 之间，各钢片厚度级差为 0.01 mm。在 0.1～1 mm 之间，各钢片的厚度级差一般为 0.05 mm；自 1 mm 以上，各钢片的厚度级差为 1 mm。

图 3 - 9 塞尺

二、锉刀的选用

1. 锉齿的选择

一般根据工件的加工余量、尺寸精度、表面粗糙度和工件的材质来选择锉齿的粗细。加工余量大、尺寸精度低、表面粗糙、材质软选粗齿锉刀,反之选锉齿细的锉刀。

锉齿的粗细用锉纹号来表示,锉齿越粗,锉纹号越小。锉齿的选用如表3-3所示。

表 3 - 3 锉齿的选用

锉纹号	锉齿	适 用 场 合			
		加工余量 /mm	尺寸精度 /mm	表面粗糙度 Ra/μm	适 用 对 象
1	粗	0.5～1	0.2～0.5	100～25	粗加工或有色金属
2	中	0.2～0.5	0.05～0.2	12.5～6.3	半精加工
3	细	0.05～0.2	0.01～0.05	6.3～3.2	精加工或加工硬金属
4	油光	0.025～0.05	0.005～0.01	3.2～1.6	精加工时修光表面

2. 锉刀规格的选择

钳工锉刀的规格除圆锉刀用直径表示、方锉刀用方形尺寸表示外,其他锉刀都是以锉身(自锉舌至锉肩之间的距离)长度表示,有 100 mm、125 mm、150 mm、200 mm、300 mm、350 mm、400 mm、450 mm 等几种。异形锉和整形锉的规格是指锉刀全长。

根据工件待加工表面的大小和加工余量的多少来选用不同规格的锉刀。一般加工面积大和有较多加工余量的表面宜选用长的锉刀,反之则选用短的锉刀。

【活动一】 中、小平面加工

要求：锯、锉立方体各表面。

(1) 划线。将工件去掉毛刺，用 V 型铁定位，与四棱柱的划线方法相同，划出第一个面的加工轮廓线。

(2) 压线锯削。正确装夹工件后，左手拇指摁在划线上，锯削时要保留划线，以能刚刚看到划线为宜。一般情况下，此时还会留有 0.3 mm 左右的加工余量。

(3) 中、小平面的锉削方法。在顺向锉削加工中、小平面，要正确控制切削的速度和操作锉刀的姿势。加工中，还有用目测法检查加工面的位置情况，等锉至轮廓线处，平面度基本合格时，改用细锉纹锉刀顺向锉出锉纹。

由于平面比较小，操作锉刀的姿势难以准确控制。因此，操作时应按以下步骤进行。

将锉刀单独平放在被加工面上，使其平衡无晃动，如图 3 - 10(a)所示。

左手按锉刀，右手握锉刀柄，轻推锉刀，如图 3 - 10(b)所示。

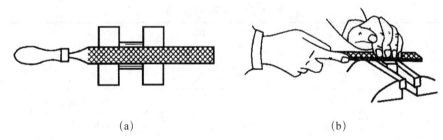

(a)   (b)

图 3 - 10　中、小平面锉削

锉削行程达加工面长度的 1/2 时收锉。

重复以上过程，直至平面锉削完毕。

【活动二】 中、小平面的检测

要求：检测平面度。

在刀口直尺与工件紧靠处用塞尺塞入，根据塞入的塞尺厚度即可确定平面度的误差，如图 3 - 11 所示。

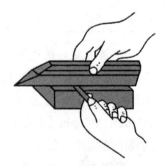

图 3 - 11　用塞尺测量平面度误差值

平面度数值的测定方法为：根据刀口直尺与平面间隙的大小，用一片或数片塞尺重叠在一起塞进间隙内。如果用 0.03 mm 的一片能塞入间隙，而0.04 mm 的一片不能塞入间隙，这说明刀口尺与平面的间隙在 0.03～0.04 mm 之间，则该检测位置的平面度为0.03～0.04 mm 之间。

一个被测平面经过如图 3 - 12 所示的多位置测量其平面度，各位置都能保证间隙小于图纸上规定的平面度数值，则说明该平面的平面度合格。

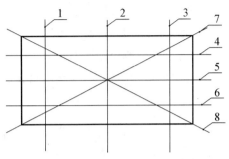

图 3 - 12　平面度的测量位置

提示

使用塞尺时必须注意下列几点：

● 根据被测间隙情况选用塞尺片数，但片数愈少愈好；

● 测量时不能用力太大，以免塞尺弯曲或折断；

● 不能测量温度较高的工件；

● 塞尺使用完毕需要擦拭干净并涂油保护。

【任务实施】

1. 选择工具和量具

游标卡尺、高度游标卡尺、塞尺、刀口直尺、锉刀、手锯等。

2. 质量检查的内容和成绩评定标准

以表 3 - 4 的格式实施质量检查和成绩评定。

表 3 - 4　立方体平面加工检测与评价表

序号	检测内容	配分	量具	检测结果	学生评分	教师评分
1	⌷ 0.04	20′				
2	$Ra3.2$	20′				
3	去毛刺	10′				
4	文明生产	违纪一项扣 10′				
合　计		50′				

【任务小结】

在本任务中,最后精锉小平面,使用 3 号锉纹锉刀顺向锉削。由于加工面比较小,锉刀的运动行程必须很短。在锉削的过程中,一定要仔细体会锉刀的运动过程,力求平稳地控制锉刀。

为保证检测的精度,检测工具在使用前后,需要清洁。

任务三　立方体剩余平面加工

【知识点】

➢ 千分尺的使用和保养方法;

➢ 千分尺的检测方法与识读;

➢ 垂直度、平行度的定量检测。

【技能点】

学会使用千分尺检测尺寸和垂直度与平行度的定量检测。

【任务导入】

立方体的六个面均有尺寸和形位公差要求,此时如果只用游标卡尺检测,其测量精度已经不能满足需要。因此,要保证立方体精度,必须提高检测的精度。千分尺的精度较游标卡尺高,可以满足立方体的检测。通过本任务的学习和训练,能够最终完成如图 3－1 所示立方体的加工。

【知识准备】

一、千分尺的种类

由于游标卡尺与千分尺相比存在精度、读数效率等方面的差异,一般作为半精加工量具使用,而千分尺用作精加工量具。

千分尺是一种精密量具,测量精度比游标卡尺高,如图 3－13 所示为各种类型千分尺。常用的外径千分尺规格按测量范围可分为: 0～25 mm、25～50 mm、

50～75 mm、75～100 mm、100～125 mm 等几种，使用时按被测工件的尺寸选取。

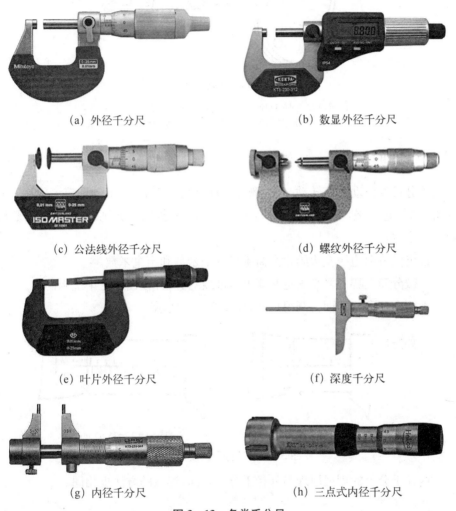

(a) 外径千分尺

(b) 数显外径千分尺

(c) 公法线外径千分尺

(d) 螺纹外径千分尺

(e) 叶片外径千分尺

(f) 深度千分尺

(g) 内径千分尺

(h) 三点式内径千分尺

图 3-13　各类千分尺

二、千分尺的结构

外径千尺结构，如图 3-14 所示。内径千分尺的结构与外径千分尺相似，只是活动套筒上刻线数值的顺序相反。

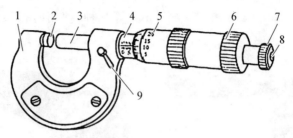

图 3-14　外径千分尺

1-尺身；2-固定砧座；3-测微螺杆；4-固定套筒(主尺)；
5-微分刻线；6-活动套筒(副尺)；7-棘轮棘爪装置；8-螺钉；9-锁紧手柄

三、千分尺的读数

千分尺的活动套筒转动一圈,测微螺杆移动 0.5 mm。活动套筒一周被分成
50 格,若转过一格,则测微螺杆移动 0.01 mm。根据以上原则,千分尺的读数按
以下几步进行：

读出微分筒边缘左边固定套筒主尺的毫米数和半毫米数。

看微分筒上哪一格与固定套筒上基准线对齐,并读出不足半毫米的数。

把两个读数相加即为测得尺寸,如图 3-15 所示。

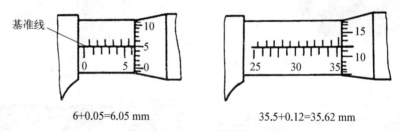

6+0.05=6.05 mm　　　　35.5+0.12=35.62 mm

图 3-15　千分尺的读数方法

内径千分尺的刻线原理与外径千分尺相同,读数的方法也相同。

提示

当千分尺的半毫米线紧贴微分筒边缘时,读数易错。如微分筒上读数为
"0"以上的较小数字,应判断为半毫米线能读出;如微分筒上读数为"0"以下的
较大数字,表示半毫米线不能被读出。

例：千分尺的测量的测量精度是指什么？其数值是多少？

解：千分尺的测量精度是指该千分尺的最小示数,也是微分筒上 1 小格的

读数。千分尺的测量精度为 0.01 mm。

【活动一】 尺寸公差检测

要求：用千分尺控制立方体的尺寸公差。

（1）千分尺的使用：

测量前，校准千分尺的零位。

测量时，先将工件被测量表面、千分尺的砧座和测微螺杆的测量面擦拭干净，以保证测量正确。

可用单手或双手操作，其具体方法如图 3-16 所示。

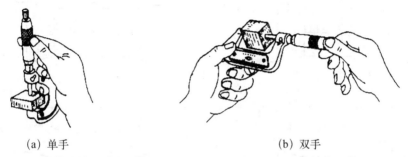

（a）单手 　　　　　　　　　　　　　　　　（b）双手

图 3-16　千分尺的使用方法

旋转力要适当，一般应先旋转微分筒，当测量面快接触或刚接触工件表面时，再旋转棘轮，控制一定的测量力，当棘轮发出"哒""哒"声时，最后读出读数。

（2）读尺练习。识读表 3-5 中的检测数据。

表 3-5　千分尺读尺练习

（1）12+0.24=12.24	（2）32.5+0.15=32.65

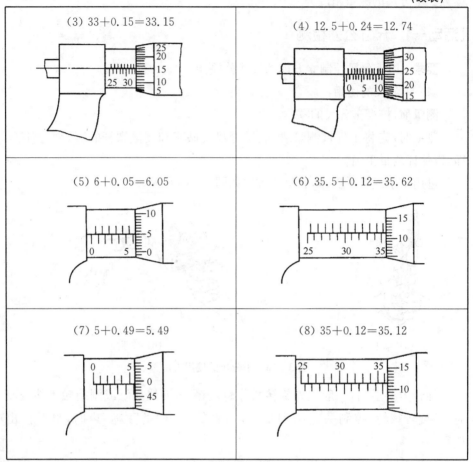

【活动二】 垂直度检测

要求：定量检测垂直度公差。

需要准确测量垂直度误差时，用塞尺测量透光处间隙的大小。

测量垂直度时，一定要注意保持刀口角尺的短边与测量基准面良好地贴合在一起，不能在刀口碰到测量面后，出现短边离开测量基准面的情况。

由于本工件的四个侧面中对面相互平行，相邻平面互为垂直。根据此特征，即可在保证了某两个相邻侧面垂直度之后，其他平面的垂直度测量就可以转化为平行度的测量。

【活动三】 平行度检测

要求：定量检测平行度公差。

如图 3 - 17 所示，用千分尺依次将工件平面上 5 个点的尺寸测出，然后找出最大值和最小值，两者之差若小于所要求的平行度数值时，则该平面的平行度合格。

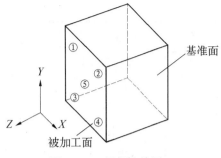

图 3 - 17 平行度检测

如表 3 - 6 为用千分尺测量一平面上 5 个点尺寸，若该平面的平行度要求 ≤ 0.04 mm。其中最高点为 25.05 mm，最低点为 25.01 mm，则其平行度误差为 25.05 − 25.01 = 0.04 mm，平行度合格。

表 3 - 6　测 量 数 据 表

点序	1	2	3	4	5
数值	25.01	25.03	25.02	25.03	25.05

【任务实施】

1. 选择工具和量具

千分尺、游标卡尺、高度游标卡尺、塞尺、90°刀口角尺、锉刀、手锯等。

2. 质量检查的内容和成绩评定标准

以表 3 - 7 的格式实施质量检查和成绩评定。

表 3 - 7　立方体加工检测与评价表

序号	检 测 内 容	配分	量具	检测结果	学生评分	教师评分
1	$25^0_{-0.06}$（三处）	$10' \times 3$				
2	▱ 0.04（六面）	$5' \times 6$				
3	// 0.05（三组）	$5' \times 3$				
4	⊥ 0.05 A C	$5'$				

序号	检 测 内 容	配分	量具	检测结果	学生评分	教师评分
5	⊥ 0.05 A B	5′				
6	$Ra3.2$ （六处）	2′×6				
7	去毛刺	3′				
8	文明生产	违纪一项扣 20′				
合　计		100′				

【任务小结】

在本任务中,立方体的各面间的垂直度是用 90°刀口角尺检测的,测量精度与检测工具的使用手法有关。千分尺在测量平行度时,同样也与检测手法有关。由于工件比较小,采用单手检测法测量。

检测之前,需要将工件被测量表面与量具测量面清洁干净,以减小测量误差的产生。

项目四 加工四方配合件

本项目主要为学习扩孔、铰孔、锉配以及锉配间隙的检测等钳工基本知识，熟悉铰刀的使用方法，练习并掌握板类零件锯削与锉削、定位孔的"钻-扩-铰"加工和零件清角与锉配等操作技能。通过本项目的学习和训练，能够完成如图4-1所示的四方配合件。

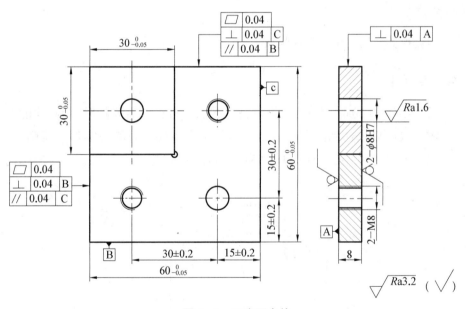

图4-1 四方配合件

【学习目标】

- 熟悉板类零件的划线；
- 掌握板类零件的锯削与锉削方法；

- 熟悉扩孔钻与铰刀的结构与使用方法；
- 掌握孔的"钻-扩-铰"加工工艺；
- 了解零件清角操作；
- 掌握锉配的基本方法；
- 熟悉配合间隙的检测方法。

任务一　加工凸件、凹件轮廓

【知识点】

➢ 板类零件的锯削与锉削。

【技能点】

学会板类零件的锯削和锉削加工方法。

【任务导入】

板类零件由于加工面狭长，形位公差在加工过程中需要随时控制，才能够保证零件最终要求达到的形位公差。本任务为主要学习板类零件的锯削、锉削技能。通过练习，完成如图4-2所示凸件轮廓和图4-3所示凹件轮廓的加工。

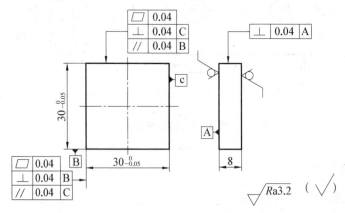

图 4-2　凸件轮廓

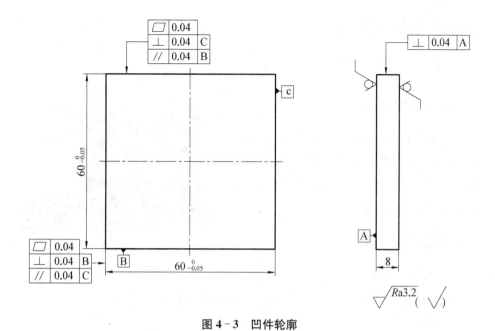

图 4‑3　凹件轮廓

【知识准备】

一、板类零件的锉削加工

对于厚度在 8 mm 左右的板类零件，两侧大平面是无需锉削的，一般为磨削或铣削平面。这两个面也是工件厚度方向的基准面，而其余的几个窄长平面则需要加工。

1. 加工原则

几个窄长平面的加工原则为："选择大（长）面，基准先行"。这是由于平面在最终顺向锉时，锉削行程很短，操作锉刀姿势难以准确控制。因此，需从最大（长）的平面开始，并将该平面作为其余几个平面的加工和测量依据。

2. 锉刀与锉纹

根据被加工平面的长度选择合适的锉刀。

一般大锉刀可以锉削长平面，也可以锉削短平面；小锉刀可以锉削小平面，但不可以锉削长平面。加工面上如果有氧化层，因其硬度与锉刀的锉齿硬度基本相同，可以先用平锉的侧锉纹锉削，除去氧化层，以保护锉刀的主要锉纹。

图 4-4 板类零件锉纹

锉削纹路为顺向锉纹,即锉纹方向与窄长平面的长度方向一致,如图 4-4 所示。

二、板类零件的划线

板类零件由于厚度比较小,在两侧大平面上划线时,需要用 V 型铁辅助,零件要靠紧 V 型铁,以确保两侧大平面与水平面垂直,如图 4-5 所示。

图 4-5 板类零件划线

三、板类零件的锯削加工

1. 锯条的选用

由于板类零件的厚度不大,锯削时常选用中齿或细齿锯条。

2. 板类零件的装夹

板类零件的装夹方法与其他类型零件的装夹基本相同,要保证划线与水平面垂直,零件最高处超过钳口不可过大,一般以 20 mm 为宜。此外,板类零件需要夹紧一些,以免在锯削过程中产生振动和噪声。

3. 锯削方法

锯削过程中,当锯缝深度达到锯弓高度时,应将锯条和锯弓调节成互相垂直的位置,再继续进行锯削,如图 4-6 所示。

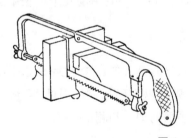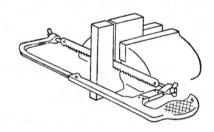

图 4-6 深锯缝锯削

【活动一】 工艺分析

要求:分析凸、凹件轮廓的加工工艺。

凸件与凹件的轮廓相似,只是被加工面的尺寸不同。因此,加工工艺过程是一致的。凹件毛坯尺寸为 $64 \times 64 \times 8 (\text{mm})$，凸件毛坯尺为 $34 \times 34 \times 8 (\text{mm})$。

本任务中凹件轮廓的加工步骤如表 4-1 所示。

表 4-1 凹件轮廓工艺步骤

步骤	加 工 内 容	图 示
1	锉削平面 1（保证平面度 0.04 mm，与基准面 A 垂直度 0.04 mm）	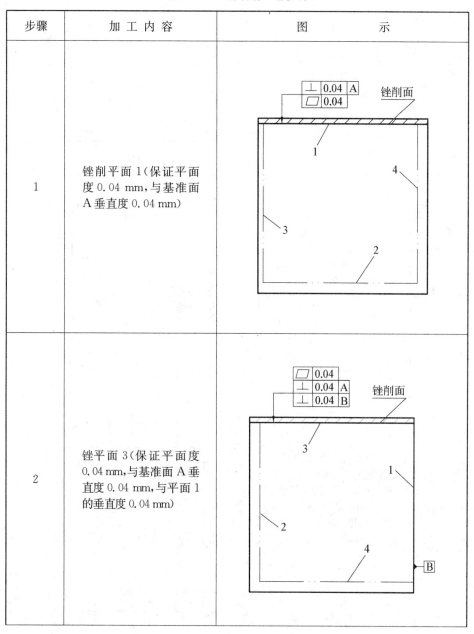
2	锉平面 3（保证平面度 0.04 mm，与基准面 A 垂直度 0.04 mm，与平面 1 的垂直度 0.04 mm）	

步骤	加 工 内 容	图　　　示
3	划线（分别以平面 1、3 为划线基准，划尺寸 60 mm）	
4	锯削（锯下多余材料，留锉削余量≤0.5 mm）	
5	锉削（锉削平面 2、4，保证平面度 0.04 mm，与基准面 A 垂直度 0.04 mm，与平面 1、3 垂直度和平行度 0.04 mm）	

【活动二】 板类零件锉削

要求：锉削凸、凹件轮廓，保证平面度、垂直度和平行度。

（1）平面度控制。沿着窄长平面的长度方向做顺向锉削时，对初学者而言，窄长平面的两端会低于中部，这是由于在锉削过程中锉刀的行程过长所致。缩短锉刀的锉削行程，是解决此现象的有效办法。而经过一段时间的锉削练习，窄长平面的中部会发生下凹的现象，发生此种现象的原因如下几种：

一是锉刀中部被重压，与之接触的工件中部表面切削量将大于工件的两端。

二是由于锉刀自身刚性的原因，左手一直用力按在锉刀的中部进行锉削，锉刀的刀身产生弹性弯曲。

三是锉刀切削面自身弯曲，并且用凸起部进行切削。

另外解决平面下凹的方法：① 选用较大规格的锉刀；② 锉削时减小手对刀身的压力；③ 用锉刀的下凹部进行切削，左手将微弯的锉刀压平直。

（2）垂直度控制。测量基准面外伸于台虎钳一侧，在锉削过程中，要经常地目测锉削面与大平面的垂直度，以及与测量基准面的垂直度，最后使用刀口角尺，准确测量垂直度，如图 4-7 所示。

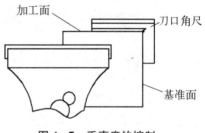

（3）平行度控制。锉削时，目测锉削平面与划线之间的平行情况，调整锉削位置。平行度最终是通过千分尺检测尺寸或刀口角尺检测与两相邻面的垂直度来确定。

图 4-7 垂直度的控制

> **提示**
>
> 按图 4-7 所示装夹工件，在加工过程中检测加工面与基准面的垂直度时无需将工件取下。
>
> 工件在检测之前必须先去除毛刺，并对测量面和被测量面进行清洁。
>
> 加工过程中，两侧的基准面需要用软钳口保护。

【活动三】 板类零件锯削

板类零件的锯削，压线技术是关键。所谓压线，就是让锯削面尽量紧贴着划线线条。锯削面能够压线，锉削余量比较小，反之，锉削余量大。但是，一味追求压线,会使锯削过程中操作者的精神变得紧张,害怕锯削面会越过划线而超差。一般压线留锉削余量0.3 mm,并且需要保留划线。具体操作过程如下:

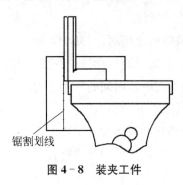

锯割划线

图4-8 装夹工件

（1）划线。用高度游标卡尺在工件上划线,并在划线线条上均匀打上样冲眼。

（2）夹持工件主体部分,保证锯削划线与水平方向垂直,并用刀口角尺检验垂直情况,如图4-8所示。

（3）起锯。保留划线,目测起锯位置到划线线条的距离为一合适数值,一般以0.3 mm为宜。

提示

锯削时要保持锯弓与台虎钳的轴线平行。

在锯削一个平面的过程中,站立位置不得改变。

注意控制锯削的速度,每分钟30～40次。

经常检查锯缝,及时纠正偏斜。

【任务实施】

1. 选择工具和量具

千分尺、游标卡尺、高度游标卡尺、90°刀口角尺、锉刀、手锯、样冲、手锤、划线平板、蓝油等。

2. 质量检查的内容和成绩评定标准

分别以表4-2、4-3的格式实施凹件、凸件的质量检查和成绩评定。

表4-2 凹件轮廓检测与评价表

序号	检测内容	配分	量具	检测结果	学生评分	教师评分
1	$60^0_{-0.05}$ （两处）	$9'\times2$				
2	⊥ 0.04 A	$4'$				
3	⊥ 0.04 B	$4'$				

序号	检测内容	配分	量具	检测结果	学生评分	教师评分
4	$\perp$ 0.04 C	4'				
5	// 0.04 B	4'				
6	// 0.04 C	4'				
7	$Ra3.2$（四处）	$3'\times4$				
8	文明生产	违纪一项扣10'				
合　计		50'				

表 4-3　凸件轮廓检测与评价表

序号	检测内容	配分	量具	检测结果	学生评分	教师评分
1	$30^{0}_{-0.05}$（两处）	$9'\times2$				
2	$\perp$ 0.04 A	4'				
3	$\perp$ 0.04 B	4'				
4	$\perp$ 0.04 C	4'				
5	// 0.04 B	4'				
6	// 0.04 C	4'				
7	$Ra3.2$（四处）	$3'\times4$				
8	文明生产	违纪一项扣10'				
合　计		50'				

【任务小结】

在本任务中,薄板零件的加工面均为窄长的平面,与两侧大平面有垂直度要求。而锉刀的宽度一般又大于平面的宽度,使得保证垂直度的难度增加。薄板零件的加工原则为先大面后小面。薄板零件检测前,需要先去除毛刺。薄板零件的四周轮廓,不可用推锉加工。

任务二　孔的半精加工

【知识点】

- ➤ 扩孔钻与扩孔加工；
- ➤ 锪钻与锪孔加工；
- ➤ 孔的半精加工工艺。

【技能点】

学会孔的"钻-扩"半精加工方法。

【任务导入】

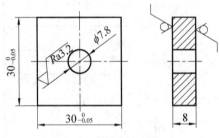

图4-9　凸件孔半精加工

孔的半精加工需要经过"先钻孔、再扩孔"的方式才能达到要求。铰孔和攻螺纹前，需要进行孔口倒角，常用锪孔钻进行加工。本任务主要学习孔的"钻-扩"半精加工和锪孔技能。通过练习，完成如图4-9所示凸件孔和图4-10凹件孔的半精加工。

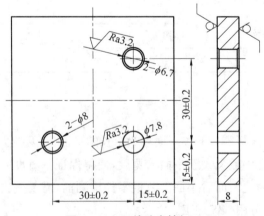

图4-10　凹件孔半精加工

【知识准备】

孔的半精加工常用扩孔钻或麻花钻等扩大孔径,又称为扩孔,扩孔如图 4 -
11 所示。

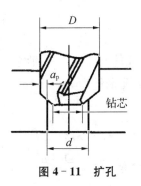

图 4 - 11　扩孔

一、扩孔钻

1. 扩孔钻结构

扩孔钻的结构与麻花钻相似,其切削刃一般为 3~4 个,如图 4 - 12 所示。

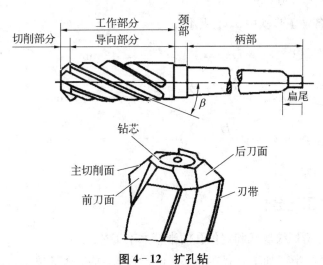

图 4 - 12　扩孔钻

2. 扩孔加工的特点

(1) 因在原有孔的基础上扩孔,所以切削余量较小且导向性好;

(2) 刀体的刚性好,能用较大的进给量;

（3）排屑容易，加工表面质量较钻孔好；

（4）扩孔可以部分地纠正孔的轴线歪斜；

（5）扩孔加工一般可作为铰孔的前道工序。

二、扩孔的余量

1. 扩孔的余量较小

扩孔加工余量通常为孔径的 1/8 左右。直径≤25 mm 的孔，扩孔余量为 1～3 mm；直径≥25 mm 的孔，扩孔余量为 3～9 mm。

2. 扩孔余量计算

扩孔余量计算公式为：

$$余量\ a_p = \frac{D-d}{2}(\text{mm})$$

例：半精加工 $\phi50$ 孔的工艺过程为：

（1）钻 $\phi24$ mm 的孔；

（2）扩孔至 $\phi40$ mm；

（3）扩孔至 $\phi50$ mm

试比较各加工步骤中 a_p 的大小。

解：∵ 钻孔（$\phi24$ mm） $a_{p1} = \dfrac{D}{2} = \dfrac{24}{2} = 12$ mm

扩孔（$\phi40$ mm） $a_{p2} = \dfrac{(D-d)}{2} = \dfrac{(40-24)}{2} = 8$ mm

扩孔（$\phi50$ mm） $a_{p3} = \dfrac{(D-d)}{2} = \dfrac{(50-40)}{2} = 5$ mm

∴ $a_{p3} < a_{p2} < a_{p1}$

【活动一】 工艺分析

要求：分析螺纹底孔和定位孔的半精加工工艺。

按照比例，半精加工直径为 $\phi7.8$ mm 的孔，扩孔余量选 1.8 mm，麻花钻选 $\phi6$ mm。半精加工直径为 $\phi6.7$ mm 的孔，扩孔余量选 1.7 mm，麻花钻选 $\phi5$ mm。

为了减少麻花钻的数量，选用直径 $\phi5$ mm 的麻花钻对 $\phi7.8$ mm 和 $\phi6.7$ mm

的孔进行粗加工，再用 $\phi 7.8$ mm 的花麻钻半精加工 $\phi 7.8$ mm 的孔，用 $\phi 6.7$ mm 的花麻钻半精加工 $\phi 6.7$ mm 的孔。

本任务中扩孔的加工步骤如表 4-4 所示。

表 4-4　凹件扩孔的加工步骤

步骤	加 工 内 容	图　　　　　示
1	划线、划检查圆、打样冲眼	
2	粗加工孔（钻孔）	

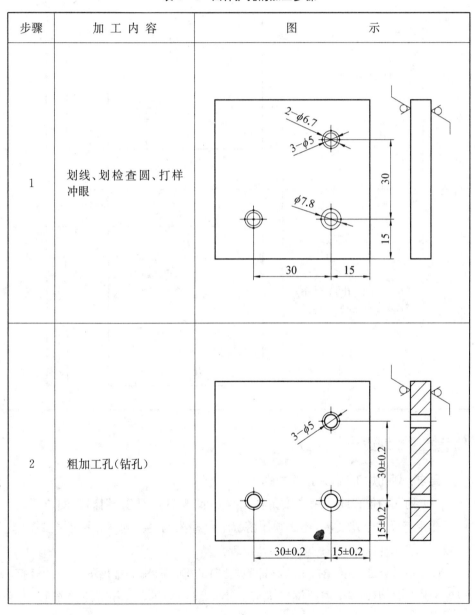

步骤	加 工 内 容	图　　　示
3	半精加工孔（扩孔）	
4	φ6.7孔锪孔口倒角，φ7.8孔去毛刺	

【活动二】　划线

要求：划孔加工线，并打样冲眼。

（1）划孔的位置线。用高度游标卡尺和 V 型铁或靠铁，划出孔的位置线。由于孔距有尺寸公差要求，还必须用游标卡尺检测划线。划线钻孔的孔距误差一般在 0.2 mm 以上，孔距越大，误差也越大。

（2）划检查圆需要先打中心样冲眼，此时的样冲眼用小锥度的尖样冲轻打，以保证样冲眼小而圆，并且位置准确。小而圆的样冲眼，可以使检查圆划得准确。

（3）复打中心样冲眼。检查圆划完后，再用标准锥度的样冲复打中心样冲眼，使其大而圆，以便钻头落钻定心。

复打中心样冲眼的操作要领：① 样冲垂直于工件表面；② 锤击力度要均匀；③ 两次锤击之间要旋转样冲。

【活动三】 半精加工底孔

要求：钻-扩定位孔的底孔 $\phi 7.8$ 和螺纹孔的底孔 $\phi 6.7$。

（1）钻削参数的确定。为了减少麻花钻的数量，凸件和凹件上的底孔均用直径为 $\phi 5$ 的麻花钻先钻孔（粗加工）。根据表 4-5 所示，一般钢材的切削速度为 0.25 m/s，由公式

$$v = \frac{\pi d n}{1\,000 \times 60}$$

可得

$$n = \frac{v \times 1\,000 \times 60}{\pi d} = \frac{0.25 \times 1\,000 \times 60}{3.14 \times 5} \approx 955 \text{ r/min}$$

因此，可选定钻床的钻速为 955 r/min。

然后用直径为 $\phi 7.8$ 的麻花钻扩定位孔的底孔，其选定钻速为 612 r/min；用直径为 $\phi 6.7$ 的麻花钻扩螺纹孔的底孔，其选定钻速为 713 r/min。最后，根据钻床的钻速表的速度选择合适的钻床转速，钻床的转速可以略高于计算出的理论转速。

高速钢麻花钻的推荐切削速度如表 4-5 所示。

表 4-5　高速钢麻花钻的推荐切削速度

加工材料	硬度/HB	切削速度 v m/s(m/min)
低碳钢	$100\sim125$ $125\sim175$ $175\sim225$	$0.45(27)$ $0.40(24)$ $0.35(21)$
中、高碳钢	$125\sim175$ $175\sim225$ $225\sim275$ $275\sim325$	$0.37(22)$ $0.33(20)$ $0.25(15)$ $0.20(12)$

加 工 材 料	硬度/HB	切削速度 v m/s(m/min)
合金钢	175～225 225～275 275～325 325～375	0.30(18) 0.25(15) 0.20(12) 0.17(10)
灰铸铁	100～140 140～190 190～220 220～260 260～320	0.55(33) 0.45(27) 0.35(21) 0.25(15) 0.15(9)
铝合金、镁合金		1.25～1.50(75～90)
铜合金		0.33～0.80(20～48)

（2）装夹工件。为保证倒角质量，必须使工件装夹水平。校平工件的简单方法是：控制工件边缘确保与平口钳的上边缘平齐，如图 4 - 13 所示。可以用指尖沿钳口的垂直方向滑过，判断平齐的程度。

（a）装夹不正确　　　　　　　　　　　　　　　　（b）装夹正确

图 4 - 13　平口钳装夹

（3）落钻定心。先用麻花钻轻点中心样冲眼，观察麻花钻有无偏移或弯曲。一旦发现麻花钻有偏移或弯曲现象，则需要立即调整工件位置，具体方法是用手轻推平口钳，使其向麻花钻偏移或弯曲的反方向微量移动。然后再用麻花钻轻点已钻出的锥坑，观察锥坑与检查圆的同轴情况。经过调整，即可完成落钻定心。

【活动四】 孔口倒角、去毛刺

要求:螺纹底孔孔口倒角,定位孔底孔的孔口去毛刺。

锪孔时,进给量为钻孔的 2~3 倍,切削速度为钻孔的 1/3~1/2。本任务使用直径为 $\phi 10$ 的麻花钻,钻速约为 300 r/min。

锪孔口倒角时钻头的轴线必须与孔的轴线重合,否则会使倒出的角一边大,一边小,如图 4 - 14 所示。因此,锪孔口倒角可采用如下方法操作:

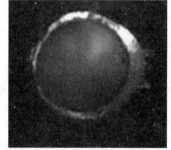

(1) 将工件装夹在平口钳上并校平,平口钳不固定。

(2) 安装钻头。

(3) 不启动钻床,用手柄下移钻头,靠到孔口。

图 4 - 14　倒角歪斜

(4) 利用钻头的定心作用,用手反向转动钻头,平口钳将会自动微移,保证钻头的轴线与孔的轴线重合。

(5) 开启电源,完成倒角。

【任务实施】

1. 选择工具和量具

游标卡尺、高度游标卡尺、90°刀口角尺、麻花钻、倒角钻头、划规、样冲、手锤、划线平板、蓝油等。

2. 质量检查的内容和成绩评定标准

以表 4 - 6 的格式实施质量检查和成绩评定。

表 4-6　孔的半精加工检测与评价表

序号	检测内容	配分	量具	检测结果	学生评分	教师评分
1	$\phi7.8$（两处）	$8'\times2$				
2	$\phi6.7$（两处）	$8'\times2$				
3	30 ± 0.2（两处）	$10'\times2$				
4	15 ± 0.2（两处）	$10'\times2$				
5	$Ra3.2$（四处）	$4'\times4$				
6	倒角（两处）	$3'\times2$				
7	去毛刺	$6'$				
8	文明生产	违纪一项扣$10'$				
合　计		$100'$				

【任务小结】

在本任务中,孔的半精加工是保证孔的精度的重要步骤,在此工序中,既要保证孔的尺寸精度,又要保证表面质量,还要保证孔的位置尺寸精度。因此,精度高的孔,其加工工艺为"钻-扩-铰"。

任务三　孔的精加工

【知识点】

➤ 铰刀与铰孔加工;

➤ 铰削时底孔孔径的计算;

➤ 孔的精加工工艺。

【技能点】

学会孔的"钻-扩-铰"精加工方法。

【任务导入】

加工精度比较高的定位孔需要经过"先钻孔、再扩孔、最后铰孔"的方式才能达到要求。本任务主要学习孔的"钻-扩-铰"精加工技能。通过练习,完成如图4-15所示凸件和图4-16所示凹件上定位孔的加工。

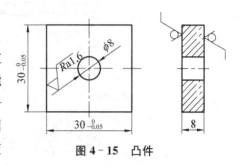

图4-15 凸件

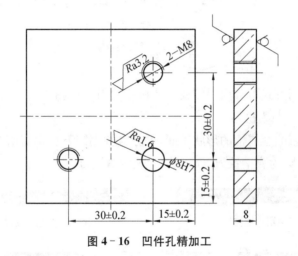

图4-16 凹件孔精加工

【知识准备】

铰孔是用铰刀从孔壁上切除微量金属层,以提高其尺寸精度和降低表面粗糙度的方法,是钻孔和扩孔的后续加工。但铰孔只能提高孔的尺寸精度和形状精度,却不能提高孔的位置精度。

一、铰刀

1. 结构

如图4-17所示,铰刀由柄部、颈部和工作部分组成。柄部是用来装夹的部分,有直柄和锥柄两种。颈部是磨制铰刀时供砂轮退刀用的,同时也是刻制商标和规格的部位。铰刀的工作部分又由切削部分、校准部分和倒锥部分所组成。

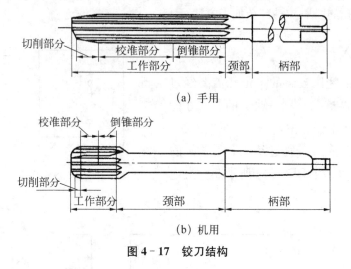

(a) 手用

(b) 机用

图 4-17 铰刀结构

2. 分类

(1) 按使用方式可分为手用铰刀和机用铰刀。如图 4-18 所示,(a)、(c)为手用铰刀,(b)、(d)为机用铰刀。

(2) 按铰刀的容屑槽的形状不同,可分为直槽铰刀和螺旋槽铰刀。如图 4-18 所示,(a)、(b)为直槽铰刀,(c)、(d)为螺旋槽铰刀。

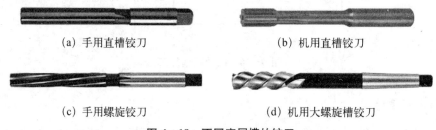

(a) 手用直槽铰刀　　　　　　　　(b) 机用直槽铰刀

(c) 手用螺旋铰刀　　　　　　　　(d) 机用大螺旋槽铰刀

图 4-18 不同容屑槽的铰刀

(3) 如图 4-19 所示,按孔的形状可分为圆柱铰刀和圆锥铰刀。

(a) 1:50直槽锥铰刀　　　　　　　(b) 1:50螺旋槽锥铰刀

图 4-19 锥铰刀

(4) 按结构组成不同可分为整体式铰刀和可调节铰刀,如图 4-20 所示为

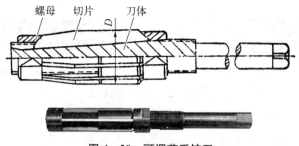

图 4-20 可调节手铰刀

可调节手铰刀。

3. 结构参数

(1) 切削锥角。切削锥角决定铰刀切削部分的长度,对铰削力和铰削质量有较大影响。由于定心等原因,一般地手用铰刀的锥角比机用铰刀小。

(2) 倒锥量。为了避免铰刀校准部分的后部摩擦,故在校准部分磨出倒锥。同等直径铰刀,机用的倒锥量大。

(3) 铰刀直径。铰刀直径尺寸一般都留有 0.005～0.02 mm 的研磨量。使用者可根据实际情况自己研磨。

(4) 标准铰刀的齿数。为了便于测量铰刀的直径,铰刀的齿数多为偶数。一般手用铰刀的齿距在圆周上为不均匀分布,如图 4-21(b)所示。

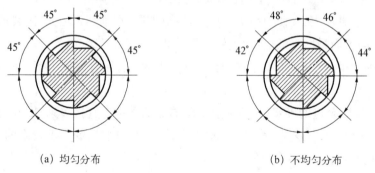

(a) 均匀分布   (b) 不均匀分布

图 4-21 铰刀刀齿分布

4. 各类铰刀的应用

(1) 整体圆柱铰刀主要用来铰削标准直径系列的孔。

(2) 可调节铰刀主要用来铰削少量的非标准孔。

(3) 锥铰刀用于铰削圆锥孔,铰孔前底孔应钻成阶梯孔。

一般地锥铰刀制成二至三把一套,分粗铰刀和精铰刀,如图 4-22 所示。

(a) 成套圆锥粗铰刀　　　　　　(b) 成套圆锥精铰刀

图 4-22　成套圆锥铰刀

（4）螺旋槽铰刀用于铰削有键槽的孔。

（5）硬质合金铰刀适用于高速铰削和铰削硬材料。

提示

　　由于铰削的工艺条件不同，孔在铰削后直径会发生扩张或收缩，且变化量不易准确地确定。因此，铰刀直径预留的余量，可通过试铰以后研磨确定铰刀直径。研磨铰刀时，可将其装夹在车床上，使其低速反转，然后用极细的油石片（如珩磨条）加润滑油进行研磨。

二、铰削用量

铰削用量包括铰削余量、切削速度和进给量。

1. 铰削余量

（1）铰削余量是指上道工序完成后留下的直径方向的加工余量。

铰削余量过大，会使刀齿负荷增大，变形加剧，切削热量增大，撕裂被加工表面，使孔的表面精度降低，表面质量下降，同时加剧刀具磨损。

铰削余量过小，上道工序的残留变形难以纠正，原有刀痕不能去除，铰削质量达不到要求。

（2）铰削余量的确定，与前一道工序的加工质量有直接关系，因此确定铰削余量时，还要考虑工艺过程。铰削余量见表 4-7，铰削精度要求较高的孔，必须经过扩孔或粗铰。

表 4-7　铰削余量

铰刀直径/mm	铰削余量/mm
<6	0.05～0.1
>6～18	一次铰：0.1～0.2
	二次铰、精铰：0.1～0.15

铰刀直径/mm	铰削余量/mm
>18～30	一次铰：0.2～0.3
	二次铰、精铰：0.1～0.15
>30～50	一次铰：0.3～0.4
	二次铰、精铰：0.15～0.25

2. 切削速度

为了得到较高的表面质量，应采用低切削速度。

3. 进给量

机铰时，进给量要求比较严格；手铰时，进给量不能太大。

三、切削液的选择

铰削钢件时，可用10％～20％乳化液作切削液；要求高时，可采用硫化油和煤油的混合液、植物油或二硫化钼。铰削铸铁时，一般不加切削液，若用煤油作切削液，能提高孔的表面质量，但会引起孔径缩小。

【活动一】 工艺分析

要求：分析凹件上螺纹孔和定位孔的加工工艺。

本任务中攻螺纹与铰孔的加工步骤如表4-8所示。

表4-8 凹件攻螺纹与铰孔的加工步骤

步骤	加 工 内 容	图　　　示
1	攻两个M8的螺纹孔	

步骤	加 工 内 容	图　　　　　示
2	精加工定位孔 $\phi8H7$	

【活动二】　铰削定位孔

要求：按要求铰削凸件和凹件上的 $\phi8H7$ 定位孔。

（1）手动铰孔时，两手用力均匀，按顺时针方向转动铰刀并略微用力向下压，任何时候都不能倒转。否则，切屑挤住铰刀，划伤孔壁，使铰刀刀刃崩裂，铰出的孔不光滑、不圆，也不准确。

（2）铰孔过程中，如果铰削阻力过大，不要强行铰削。应小心地抽出铰刀，检查铰刀是否被切屑卡住或遇到硬点，否则会折断铰刀或使刀刃崩裂。

（3）进给量的大小要适当、均匀，并不断地加冷却润滑液。

止规

过规

图 4‑23　圆柱塞规

（4）孔铰完后，要顺时针方向旋转退出铰刀。

（5）铰削完成后，擦净定位孔和塞规，用塞规检查孔径。塞规如图 4‑23 所示，一端为过规，一端为止规。当过规能通过定位孔，而止规不能通过，则定位孔合格。

【任务实施】

1. 选择工具和量具

游标卡尺、圆柱塞规、90°角尺、麻花钻、圆柱铰刀、丝锥等。

2. 质量检查的内容和成绩评定标准

以表4-9的格式实施质量检查和成绩评定。

表4-9　孔的精加工检测与评价表

序号	检测内容	配分	量具	检测结果	学生评分	教师评分
1	$\phi 8$（两处）	$10' \times 2$				
2	M8（两处）	$10' \times 2$				
3	30 ± 0.2（两处）	$10' \times 2$				
4	15 ± 0.2（两处）	$10' \times 2$				
5	Ra1.6（两处）	$6' \times 2$				
6	Ra3.2（两处）	$4' \times 2$				
7	文明生产	违纪一项扣$10'$				
合　计		$100'$				

【任务小结】

在本任务中,孔的精度由铰刀保证,铰刀可以少量研磨,以提高其精度和切削时的稳定性,这一点对于薄板零件尤为重要。铰削余量对铰削质量影响很大,需要按要求选择合理的余量。

任务四　配锉凹件

【知识点】

➢ 工艺孔的作用与加工方法;

➢ 配锉;

➤ 间隙的检测。

【技能点】

学会配锉的方法。

【任务导入】

凹件与凸件的配合部分中,凸件是基准件,凹件是配合件,因此,凹件的相关工艺尺寸要结合凸件的实际加工尺寸计算来确定。只有保证凸件的加工精度,才能获得比较高的配合精度。本任务主要为学习零件清角、配锉等钳工技能。通过练习,完成如图4-24所示凹件与凸件的配锉加工。

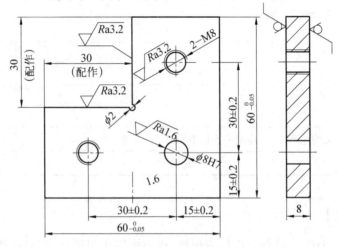

图4-24　凹件修配

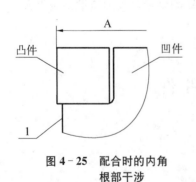

图4-25　配合时的内角根部干涉

【知识准备】

凹件在锉配时,需要清除其内角。一般情况下,凹件的内角都会与凸件的外角进行配合,如果内角不做清角处理,则在配合时,凸件外角的尖部就会与凹件内角的根部发生干涉,如图4-25所示,根部干涉严重影响1面的平面度和配合尺寸A。

一、内角的形式

工件结构中内角有多种类型,如图4-26所示。其根部若没有工艺孔或退刀槽时,加工的难度很大,需要清除角根部的材料,俗称清角。

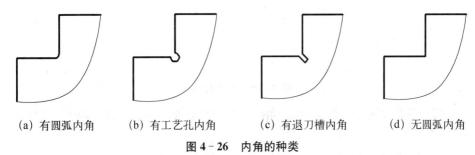

(a) 有圆弧内角　　(b) 有工艺孔内角　　(c) 有退刀槽内角　　(d) 无圆弧内角

图4-26　内角的种类

清角使用的锉刀,可以用整形锉,也可以用被磨了侧锉纹的锉刀,以保证锉削时锉刀的侧齿不干涉已加工面。清无圆弧内角使用的锯条,也需要进行修磨。

二、工具的修磨

1. 锉刀的修磨

选定锉刀工作表面后,将两侧的侧齿用砂轮磨去,其截面形状如图4-27(a)所示,呈等腰梯形。锉刀的侧面与底面的夹角可根据工件的内角确定,一般均小于工件内角的数值。

(a) 锉刀的截面　　　　　　　　　(b) 锯条的截面

图4-27　工具的修磨

2. 锯条的修磨

选用中齿或细齿锯条,将锯路磨去,其截面形状如图4-27(b)所示,工作部呈等腰三角形。

三、清无圆弧内角

(1) 用普通锉刀将工件加工成如图4-28(a)所示。

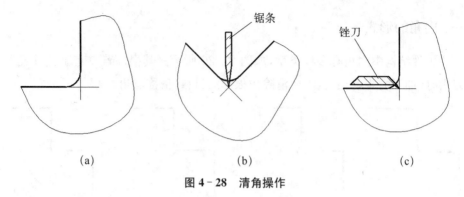

(a)   (b)   (c)

图 4‑28　清角操作

（2）用磨去锯路的锯条，将圆角沿角平分线锯至内角的根部，如图 4‑28(b)所示。

（3）用修磨去侧齿的锉刀将被分成两部分的圆角锉去，如图 4‑28(c)所示。

四、万能角度尺

1. 结构与读数

万能角度尺又被称为角度规、游标角度尺和万能量角器，它是利用游标读数原理来直接测量工件角或进行划线的一种角度量具，有Ⅰ型Ⅱ型两种，如图 4‑29 所示。

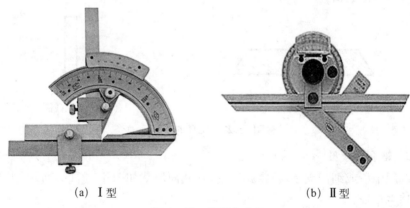

(a) Ⅰ型   (b) Ⅱ型

图 4‑29　万能角度尺

2. 万能角度尺的原理

Ⅰ型万能角度尺的主要结构除了主尺、游标（旋转形式）外，还有直角尺和刀口尺两个组合件,如图 4 - 30 所示。

万能角度尺的读数机构是根据游标原理制成的。主尺刻线每格为 1°。游标的刻线是取主尺的 29°等分为 30 格,因此游标刻线每格为 $\left(\dfrac{29}{30}\right)°$,即主尺与游标一格的差值为 $\left(\dfrac{1}{30}\right)°$,也就是说万能角度尺读数准确度为 $2'$,其读数方法与游标卡尺基本相同。先从尺身上读出游标零线前的整度数,再从游标上读出不足 1 度的 "′" 数值,符号 "′" 读作 "分",两者相加就是被测的角度数值。

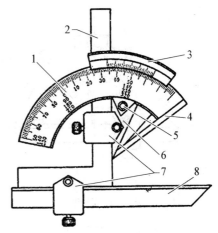

图 4 - 30　I型万能角度尺主要结构部件

1-主尺;2-直角尺;3-游标;4-基尺;
5-制动器;6-扇形板;7-卡块;8-刀口尺

3. 使用方法

测量前应将测量面和工件擦干净,直尺调好后将卡块紧固螺钉拧紧。测量时应先将基尺贴靠在工件测量基准面上,然后缓慢移动游标,使直尺紧靠在工件表面再读出读数。

提示

测量时应先校准零位,万能角度尺的零位,是当角尺与直尺均装上,而角尺的底边及基尺与直尺无间隙接触,此时主尺与游标的 "0" 线对准。测量零件角度时,应使基尺与零件角度的母线方向一致,且零件应与量角尺的两个测量面的全长上接触良好,以免产生测量误差。

---

4. 测量范围

万能角度尺是用来测量工件内外角度的量具,测量范围是 0°～320°,各角度范围的测量方法如图 4 - 31 所示。

万能角度尺也经常在调整好角度后,当作样板测量角度。

【活动一】　工艺分析

要求:完成凹件配锉的工艺分析。

本任务中凹件配锉的加工步骤如表 4 - 10 所示。

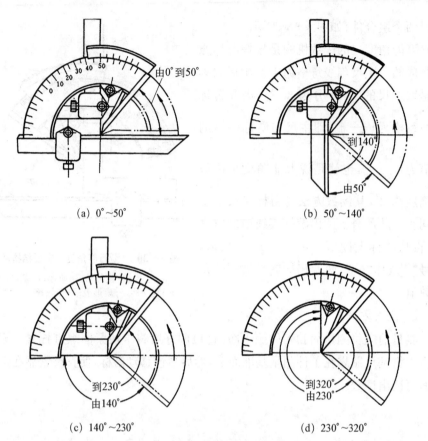

(a) 0°~50°　　　　　　　　　　(b) 50°~140°

(c) 140°~230°　　　　　　　　(d) 230°~320°

图 4 - 31　万能角度尺测量范围

表 4 - 10　凹件配锉的加工步骤

步骤	加 工 内 容	图　　　　　　　示
1	划线	30 30

步骤	加 工 内 容	图　　　　示
2	钻工艺孔	φ2
3	锯削	30.5　锯削面　φ2　30.5
4	配锉	30₋₀.₀₅⁰（配作）　30₋₀.₀₅⁰（配作）　锉削面　φ2

【活动二】 钻工艺孔

要求：钻 $\phi 2$ 工艺孔。

选用直径为 $\phi 2$ 的麻花钻工艺孔，由于直径比较小，要选用比较高转速。根据表 4 - 5 所示，一般钢材的切削速度为 0.25 m/s，由公式

$$v = \frac{\pi d n}{1\,000 \times 60}$$

可得

$$n = \frac{v \times 1\,000 \times 60}{\pi d} = \frac{0.25 \times 1\,000 \times 60}{3.14 \times 2} \approx 2\,389 \text{ r/min}$$

因此，可选定钻床的钻速为 $2\,400$ r/min。

【活动三】 配锉

要求：完成凹件的配锉。

按照图样要求，锯掉凹件的多余部分。压线锯削，保留锉削余量约 0.3 mm。

配锉步骤如下：

（1）检测凸件尺寸，如果两组对面的尺寸不相等，则要将其加工成统一尺寸。

（2）用大一些的锉刀粗锉配合面，待加工至划线位置时，换成磨去侧齿的清角锉刀进行精锉。

（3）用刀口尺检测平面度，用刀口直角尺检测与两侧大面的垂直度，用万能角度尺检测与相邻面的垂直度。万能角度尺用主尺和刀口尺组合，如图 4 - 32(b)所示。

（4）将凸件与凹件配合，用千分尺检测配合尺寸，用刀口尺检测配合处的平面度。

【活动四】 配合间隙检测

要求：检测配锉间隙。

检测配合间隙可用塞尺，对于具有对称结构的配合件，检测配合间隙时需要将配合面调换后再进行测量，所得到的间隙最大值为配合间隙。

检测方法如下：

（1）按照图样上规定的配合间隙，选出相应厚度的塞尺。

（2）分别检测本次配合中各配合面的间隙，当塞尺能进入配合面接触宽度超过 1/3 时，则将塞尺的厚度增大一级再作检测，直至测出间隙的尺寸。

（3）换向配合，将凸件旋转 90°后再进行配合。

（4）重复步骤 2，直至将所有的配合面间隙全部检测完毕。

提示

检测配合前工件需要去毛刺。

塞尺使用前需将工作面擦净。

塞尺使用后要立即擦净，并用机油保养。

【任务实施】

1. 选择工具和量具

千分尺、游标卡尺、高度游标卡尺、万能角度尺、90°刀口角尺、塞尺、锉刀、手锯、麻花钻、样冲、手锤、划线平板、蓝油等。

2. 质量检查的内容和成绩评定标准

以表 4-11 的格式实施质量检查和成绩评定。

表 4-11 配锉凹件检测与评价表

序号	检测内容	配分	量具	检测结果	学生评分	教师评分
1	$60^0_{-0.05}$（两处）	$15' \times 2$				
2	▱ 0.04（两处）	$8' \times 2$				
3	⊥ 0.04 B	$8'$				
4	⊥ 0.04 C	$8'$				
5	$Ra3.2$（两处）	$3' \times 2$				
6	配合间隙 0.03（四处）	$8' \times 4$				
7	文明生产	违纪一项扣 $10'$				
合　计		$100'$				

【任务小结】

在本任务中,配合的要求不高,凹件的配合面可以使用推锉进行最后的修整。凹件的配合尺寸完全由凸件控制,凸件的精度高,配合精度才有保证。配合完成后,配合件的整体外表面是不需要进行再加工,否则会破坏了凸件原有的精度。量具使用后擦净,涂油保养。

项目五　综　合　练　习

任务一　正方体加工

一、任务要求

(1) 分析任务图 5-1,制定加工工艺过程,并填写"加工工艺过程表"(表 5-1)。

(2) 按图样要求加工零件。

(3) 自行检测零件,并将检测结果填入"检测评分表"(表 5-2)。

(4) 整理工、量具,并清洁工位和工作场地。

二、编制加工工艺

表 5-1　加工工艺过程表

工　序　号	工　序　内　容	工　艺　装　备

工 序 号	工 序 内 容	工 艺 装 备

三、任务图

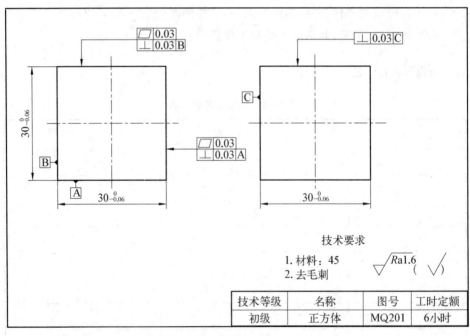

技术要求

1. 材料：45
2. 去毛刺

$\sqrt{Ra1.6}$ ($\sqrt{}$)

技术等级	名称	图号	工时定额
初级	正方体	MQ201	6小时

图 5-1　正方体

四、检测与评分

表 5 - 2 检 测 评 分 表

项目	序号	检 测 项 目	配分	自检结果	量、检具	得分
正方	1	$30^{0}_{-0.06}$ (6处)	5×6			
	2	▱ 0.03 (6处)	5×6			
	3	⊥ 0.03 A	6			
	4	⊥ 0.03 B	6			
	5	⊥ 0.03 C	6			
	6	表面粗糙度 $Ra1.6 \mu m$(6处)	12			
其他	7	外观	5			
	8	安全文明生产	5			
合　计			100	成绩		

任务二 直 角 配 合

一、任务要求

(1) 分析任务图 5 - 2,制定加工工艺过程,并填写"加工工艺过程表"(表 5 - 3)。

(2) 按图样要求加工零件。

(3) 自行检测零件,并将检测结果填入"检测评分表"(表 5 - 4)。

(4) 整理工、量具,并清洁工位和工作场地。

二、编制加工工艺

表 5-3　加工工艺过程表

工　序　号	工　序　内　容	工　艺　装　备

三、任务图

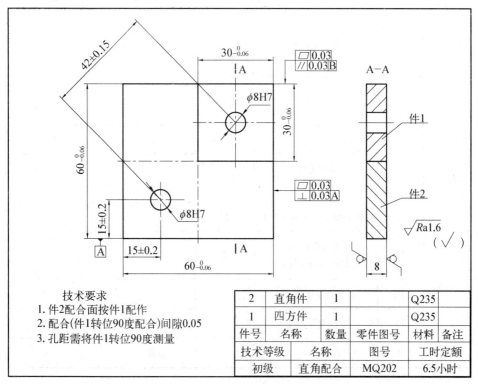

技术要求
1. 件2配合面按件1配作
2. 配合(件1转位90度配合)间隙0.05
3. 孔距需将件1转位90度测量

2	直角件	1		Q235	
1	四方件	1		Q235	
件号	名称	数量	零件图号	材料	备注
技术等级	名称		图号	工时定额	
初级	直角配合		MQ202	6.5小时	

图 5-2　直角配合

四、检测与评分

表 5-4　检测评分表

项目	序号	检测项目	配分	自检结果	量、检具	得分
件1	1	$30^{0}_{-0.06}$ (2处)	5×2			
	2	$\phi 8H7$	4			
件2	3	$60^{0}_{-0.06}$ (2处)	5×2			
	4	$\phi 8H7$	4			

项目	序号	检 测 项 目	配分	自检结果	量、检具	得分
件2	5	15±0.20(2处)	4×2			
	6	⊥ |0.03|A (4处)	1×4			
	7	// |0.03|A (4处)	1×4			
配合	8	42±0.15(4处)	4×4			
	9	▱ |0.03 (2处)	4×2			
	10	配合间隙0.05(8处)	16			
其他	11	表面粗糙度 Ra1.6(12处)	6			
	12	外观	5			
	13	安全文明生产	5			
合 计			100	成绩		

任务三　凹凸配合

一、任务要求

（1）分析任务图5-3,制定加工工艺过程,并填写"加工工艺过程表"（表5-5）。

（2）按图样要求加工零件。

（3）自行检测零件,并将检测结果填入"检测评分表"（表5-6）。

（4）整理工、量具,并清洁工位和工作场地。

二、编制加工工艺

表 5 - 5　加工工艺过程表

工　序　号	工　序　内　容	工　艺　装　备

三、任务图

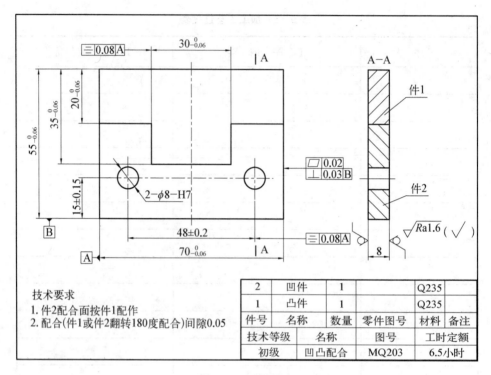

技术要求
1. 件2配合面按件1配作
2. 配合(件1或件2翻转180度配合)间隙0.05

2	凹件	1		Q235	
1	凸件	1		Q235	
件号	名称	数量	零件图号	材料	备注
技术等级	名称		图号		工时定额
初级	凹凸配合		MQ203		6.5小时

图 5-3 凹凸配合

四、检测与评分

表 5-6 检测评分表

项目	序号	检测项目	配分	自检结果	量、检具	得分
	1	$70^{0}_{-0.06}$	4			
	2	$35^{0}_{-0.06}$	4			
件1	3	$20^{0}_{-0.06}$（2处）	4×2			
	4	$30^{0}_{-0.06}$	4			
	5	▱0.08 A	4			

项目	序号	检 测 项 目	配分	自检结果	量、检具	得分
件2	6	$70^{0}_{-0.06}$	4			
	7	48 ± 0.20	4			
	8	15 ± 0.15(2处)	4×2			
	9	$\phi8H7$(2处)	4			
	10	〓 0.08 A	4			
	11	⊥ 0.02 B (2处)	2×2			
配合	12	$55^{0}_{-0.06}$	5			
	13	▱ 0.03 (2处)	2×2			
	14	配合间隙 0.05(10处)	20			
其他	15	表面粗糙度 $Ra1.6\,\mu m$(18处)	9			
	16	外观	5			
	17	安全文明生产	5			
合　计			100	成绩		

任务四　四方组合

一、任务要求

（1）分析任务图5-4，制定加工工艺过程，并填写"加工工艺过程表"（表5-7）。

（2）按图样要求加工零件。

（3）自行检测零件，并将检测结果填入"检测评分表"（表5-8）。

（4）整理工、量具，并清洁工位和工作场地。

二、编制加工工艺

表 5-7 加工工艺过程表

工 序 号	工 序 内 容	工 艺 装 备

三、任务图

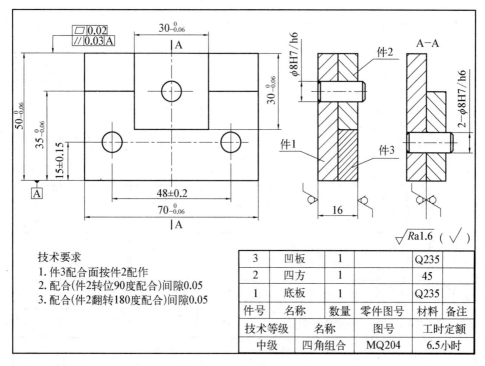

图 5-4 四方组合

技术要求
1. 件3配合面按件2配作
2. 配合(件2转位90度配合)间隙0.05
3. 配合(件2翻转180度配合)间隙0.05

3	凹板	1		Q235	
2	四方	1		45	
1	底板	1		Q235	
件号	名称	数量	零件图号	材料	备注
技术等级	名称		图号	工时定额	
中级	四角组合		MQ204	6.5小时	

四、检测与评分

表 5-8 检测评分表

项目	序号	检测项目	配分	自检结果	量、检具	得分
件1	1	$70^{0}_{-0.06}$	4			
	2	$50^{0}_{-0.06}$	4			
	3	// 0.02 A	4			
件2	4	$30^{0}_{-0.06}$(2处)	4×2			
	5	ϕ8H7	3			

项目	序号	检 测 项 目	配分	自检结果	量、检具	得分
件3	6	$70^{0}_{-0.06}$	4			
	7	$35^{0}_{-0.06}$	4			
	8	48 ± 0.20	4			
	9	15 ± 0.15(2处)	4×2			
	10	$\phi8$H7(2处)	3×2			
配合	11	配合间隙 0.05(24处)	24			
	12	$\boxed{\diagup}\ \boxed{0.03}$ (4处)	2×4			
其他	13	表面粗糙度 $Ra1.6\,\mu m$(19处)	9			
	14	外观	5			
	15	安全文明生产	5			
合　计			100	成绩		

任务五　六　方　组　合

一、任务要求

（1）分析任务图 5-5,制定加工工艺过程,并填写"加工工艺过程表"（表5-9）。

（2）按图样要求加工零件。

（3）自行检测零件,并将检测结果填入"检测评分表"（表5-10）。

（4）整理工、量具,并清洁工位和工作场地。

二、编制加工工艺

表 5-9 加工工艺过程表

工 序 号	工 序 内 容	工 艺 装 备

三、任务图

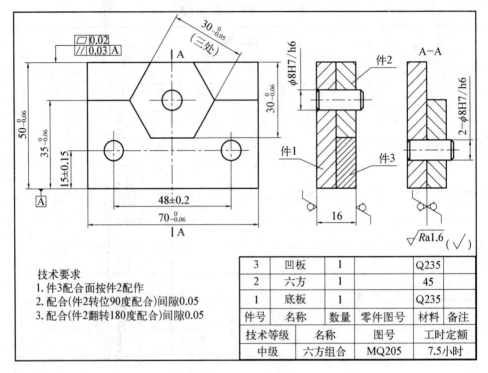

图 5－5　六方组合

技术要求
1. 件3配合面按件2配作
2. 配合(件2转位90度配合)间隙0.05
3. 配合(件2翻转180度配合)间隙0.05

3	凹板	1		Q235	
2	六方	1		45	
1	底板	1		Q235	
件号	名称	数量	零件图号	材料	备注
技术等级		名称		图号	工时定额
中级		六方组合		MQ205	7.5小时

四、检测与评分

表 5－10　检测评分表

项目	序号	检测项目	配分	自检结果	量、检具	得分
件1	1	$70^{0}_{-0.06}$	3			
	2	$50^{0}_{-0.06}$	3			
	3	∥ 0.02 A	2			
件2	4	$30^{0}_{-0.06}$（3 处）	3×3			
	5	$\phi8H7$	2			

项目	序号	检 测 项 目	配分	自检结果	量、检具	得分
件3	6	$70^{0}_{-0.06}$	3			
	7	$35^{0}_{-0.06}$	3			
	8	48 ± 0.20	3			
	9	15 ± 0.15(2处)	3×2			
	10	$\phi8H7$(2处)	2×2			
配合	11	配合间隙0.05 （36处）	36			
	12	$\boxed{\diagup} \boxed{0.03}$(6处)	1×6			
其他	13	表面粗糙度 $Ra1.6\,\mu m$(21处)	10			
	14	外观	5			
	15	安全文明生产	5			
合　计			100	成绩		

任务六　凹凸组合

一、任务要求

（1）分析任务图5-6，制定加工工艺过程，并填写"加工工艺过程表"（表5-11）。

（2）按图样要求加工零件。

（3）自行检测零件，并将检测结果填入"检测评分表"（表5-12）。

（4）整理工、量具，并清洁工位和工作场地。

二、编制加工工艺

表 5 – 11　加工工艺过程表

工 序 号	工 序 内 容	工 艺 装 备

三、任务图

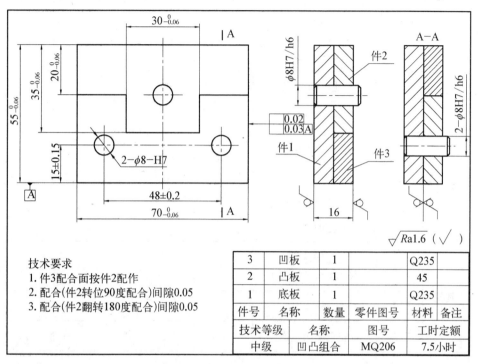

图 5-6　凹凸组合

技术要求
1. 件3配合面按件2配作
2. 配合(件2转位90度配合)间隙0.05
3. 配合(件2翻转180度配合)间隙0.05

3	凹板	1		Q235
2	凸板	1		45
1	底板	1		Q235
件号	名称	数量	零件图号	材料·备注
技术等级	名称		图号	工时定额
中级	凹凸组合		MQ206	7.5小时

四、检测与评分

表 5-12　检 测 评 分 表

项目	序号	检 测 项 目	配分	自检结果	量、检具	得分
件 1	1	$70^{0}_{-0.06}$	3			
	2	$50^{0}_{-0.06}$	4			
件 2	3	$70^{0}_{-0.06}$	3			
	4	$35^{0}_{-0.06}$	4			
	5	$20^{0}_{-0.06}$(2处)	3×2			
	6	$30^{0}_{-0.06}$	4			
	7	$\phi 8H7$	3			

项目	序号	检 测 项 目	配分	自检结果	量、检具	得分
件3	8	$70^{0}_{-0.06}$	3			
	9	48 ± 0.20	4			
	10	$15\pm0.15(2处)$	3×2			
	11	$\phi8H7(2处)$	3×2			
配合	12	配合间隙 0.05 （15 处）	30			
	13	▱ 0.03	3			
	14	⊥ 0.02 A	3			
其他	15	表面粗糙度 $Ra1.6\,\mu m(16处)$	8			
	16	外观	5			
	17	安全文明生产	5			
合　计			100	成绩		

任务七　三角形配合

一、任务要求

（1）分析任务图 5-7，制定加工工艺过程，并填写"加工工艺过程表"（表 5-13）。

（2）按图样要求加工零件。

（3）自行检测零件，并将检测结果填入"检测评分表"（表 5-14）。

（4）整理工、量具，并清洁工位和工作场地。

二、编制加工工艺

表 5‐13 加工工艺过程表

工 序 号	工 序 内 容	工 艺 装 备

三、任务图

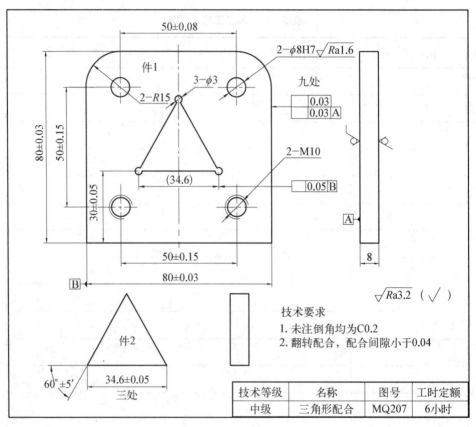

图 5 – 7　三角形配合

四、检测与评分

表 5 – 14　检测评分表

项目	序号	检测项目	配分	自检结果	量、检具	得分
件1	1	80±0.03(2 处)	2×2			
	2	50±0.08	3			
	3	R15(2 处)	3×2			
	4	50±0.15(3 处)	2×3			

项目	序号	检 测 项 目	配分	自检结果	量、检具	得分
件1	5	M10(2 处)	2×2			
	6	ϕ3(3 处)	1×3			
	7	ϕ8H7(2 处)	3×2			
	8	⊥ 0.03 A (9 处)	1×9			
	9	∠ 0.03 (9 处)	1×9			
	10	≡ 0.05 B	2			
件2	11	34.6±0.05(3 处)	2×3			
	12	60°±5′(3 处)	2×3			
配合	13	配合间隙≤0.04 (3 处)	4×3			
其他	14	Ra≤1.6(2 处)	1×2			
	15	Ra≤3.2(12 处)	1×12			
	16	外观	5			
	17	安全文明生产	5			
合　计			100	成绩		

任务八　燕尾配合

一、任务要求

（1）分析任务图 5-8,制定加工工艺过程,并填写"加工工艺过程表"（表 5-15）。

（2）按图样要求加工零件。

（3）自行检测零件,并将检测结果填入"检测评分表"（表 5-16）。

（4）整理工、量具,并清洁工位和工作场地。

二、编制加工工艺

表 5‑15　加工工艺过程表

工 序 号	工 序 内 容	工 艺 装 备

三、任务图

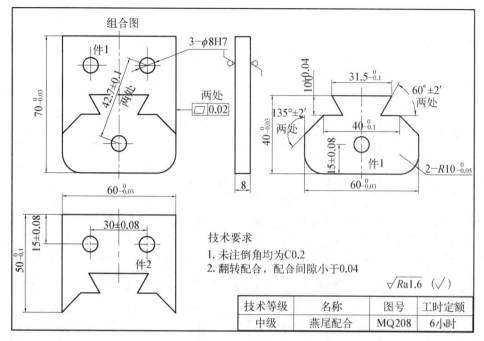

技术要求
1. 未注倒角均为C0.2
2. 翻转配合，配合间隙小于0.04

$\sqrt{Ra1.6}$ （$\checkmark$）

技术等级	名称	图号	工时定额
中级	燕尾配合	MQ208	6小时

图 5-8 燕尾配合

四、检测与评分

表 5-16 检 测 评 分 表

项目	序号	检 测 项 目	配分	自检结果	量、检具	得分
件1	1	$60_{-0.03}^{0}$	3			
	2	$31.5_{-0.1}^{0}$	2			
	3	15 ± 0.08	2			
	4	$40_{-0.03}^{0}$	3			
	5	$40_{-0.1}^{0}$	2			
	6	$135°\pm2'$（2处）	3×2			
	7	$60°\pm2'$（2处）	3×2			

项目	序号	检 测 项 目	配分	自检结果	量、检具	得分
件1	8	$10^{+0.04}_{0}$（2 处）	1.5×2			
	9	ϕ8H7	2			
	10	$2-R\,10^{0}_{-0.05}$	3×2			
件2	11	$60^{0}_{-0.03}$	3			
	12	15±0.08（2 处）	2×2			
	13	$50^{0}_{-0.1}$	2			
	14	30±0.08	2			
	15	ϕ8H7（2 处）	2×2			
配合	16	配合间隙≤0.04（7 处）	2×7			
	17	$\boxed{\diagup\ 0.02}$（2 处）	3×2			
	18	$70^{0}_{-0.03}$	3			
	19	42.7±0.1（2 处）	2×2			
其他	20	Ra≤1.6（25 处）	13			
	21	外观	5			
	22	安全文明生产	5			
合　计			100	成绩		

任务九　长方体配合

一、任务要求

（1）分析任务图 5-9,制定加工工艺过程,并填写"加工工艺过程表"（表 5-17）。

（2）按图样要求加工零件。

（3）自行检测零件,并将检测结果填入"检测评分表"（表 5-18）。

（4）整理工、量具,并清洁工位和工作场地。

二、编制加工工艺

表 5-17 加工工艺过程表

工 序 号	工 序 内 容	工 艺 装 备

三、任务图

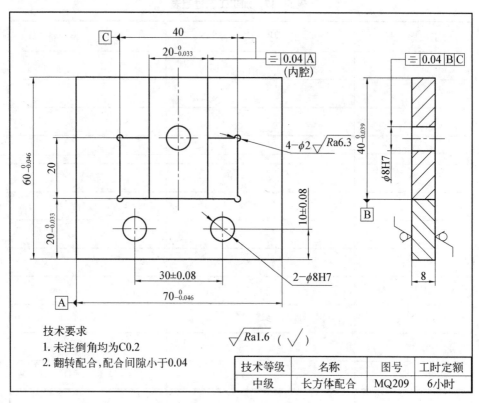

图 5-9　长方体配合

四、检测与评分

表 5-18　检测评分表

项目	序号	检 测 项 目	配分	自检结果	量、检具	得分
长方体	1	$20^{0}_{-0.033}$	5			
	2	$40^{0}_{-0.039}$	5			
	3	$\phi 8H7$	3			
	4	≡ 0.04 B C	5			

项目	序号	检测项目	配分	自检结果	量、检具	得分
凹件	5	$60^{0}_{-0.046}$	5			
	6	$70^{0}_{-0.046}$	5			
	7	10 ± 0.08(2处)	4×2			
	8	30 ± 0.08	5			
	9	$20^{0}_{-0.033}$	5			
	10	$4-\phi2$	1×4			
	11	$2-\phi8H7$	3×2			
	12	三 0.04 A (2处)	5×2			
配合	13	配合间隙≤0.04 （8处）	2×8			
其他	14	$Ra\leqslant1.6$(17处)	8			
	15	外观	5			
	16	安全文明生产	5			
合　计			100	成绩		

任务十　直角圆弧配合

一、任务要求

（1）分析任务图5-10,制定加工工艺过程,并填写"加工工艺过程表"（表5-19）。

（2）按图样要求加工零件。

（3）自行检测零件,并将检测结果填入"检测评分表"（表5-20）。

（4）整理工、量具,并清洁工位和工作场地。

二、编制加工工艺

表 5-19　加工工艺过程表

工　序　号	工　序　内　容	工　艺　装　备

三、任务图

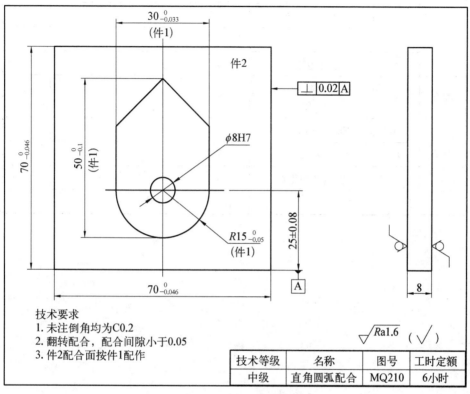

技术要求
1. 未注倒角均为C0.2
2. 翻转配合，配合间隙小于0.05
3. 件2配合面按件1配作

$\sqrt{Ra1.6}$ ($\sqrt{}$)

技术等级	名称	图号	工时定额
中级	直角圆弧配合	MQ210	6小时

图 5‑10　直角圆弧配合

四、检测与评分

表 5‑20　检 测 评 分 表

项目	序号	检 测 项 目	配分	自检结果	量、检具	得分
件1	1	$50_{-0.1}^{0}$	5			
	2	$30_{-0.033}^{0}$	5			
	3	$90°\pm4'$	5			
	4	$R\,15_{-0.05}^{0}$	10			
	5	$\phi8H7$	5			

项目	序号	检 测 项 目	配分	自检结果	量、检具	得分
件2	6	$70^{0}_{-0.046}$（2处）	5×2			
	7	25±0.08	5			
	8	⊥ 0.02 A	5			
配合	9	配合间隙≤0.05（5处）	4×5			
其他	10	Ra≤1.6(10处)	20			
	11	外观	5			
	12	安全文明生产	5			
合　计			100	成绩		

附录　双语教学项目

Project Practice for Tool Fitter

Written by

SQ. Wen　YS. Ding

Student Name：_____

Class：_____　ID _____

Mechanical & Electrical Department

Nanjing College of Information Technology

Preface

In order to help stuents in improving their technological level of tool fitter from primary to secondary, a one-week project practice will be arranged that a square-shaped punch and it's holder must be made by means of filing and drilling, then the assembles of punch and punch-holder should be made up by manual press-fit, riveting and bottom-filing.

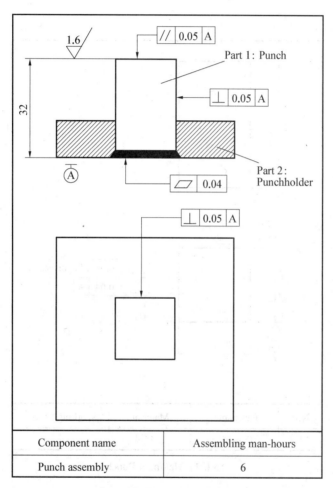

Component name	Assembling man-hours
Punch assembly	6

Assembly Drawing for Punch

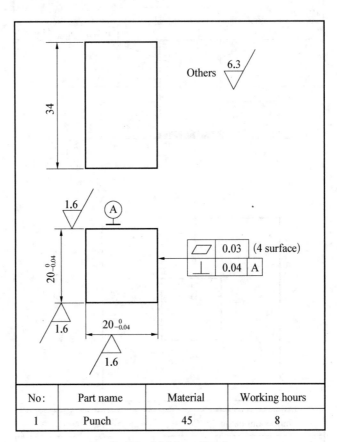

No:	Part name	Material	Working hours
1	Punch	45	8

Task 1：Making a Punch

Table 1 − 1 Processing Technic

Process Number	Process Content	Equipment & Tool (simple figure)	Working hours

Table 1 - 2　Testing & Evaluating

Number	Testing Items	Testing Value	Testing Tools	Deserve Score	Actual Score
1	$20^0_{-0.04}$ (2 Point)			5×2	
2	▱ 0.03 (4 surface)			3×4	
3	⊥ 0.04 A			8	
4	Roughnes 1.6∨ (4 surface)			1×4	
5	Appearance			3	
6	condition of security & civilization production.			3	
Valuator (signature)			Total Score	40	

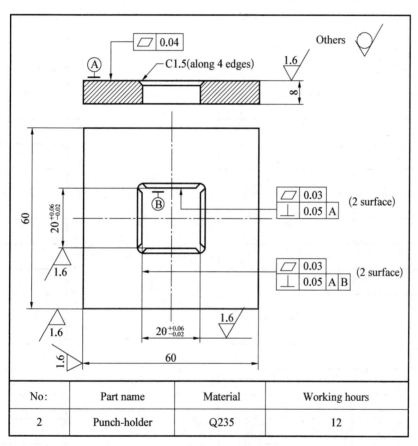

Others ◯

C1.5(along 4 edges)

▱ 0.04

1.6

∞

A

20 +0.06 −0.02

60

B

▱ 0.03
⊥ 0.05 A

(2 surface)

▱ 0.03
⊥ 0.05 A B

(2 surface)

1.6

1.6

1.6

20 +0.06 −0.02

1.6

60

No:	Part name	Material	Working hours
2	Punch-holder	Q235	12

Task 2: Making a Punch-holder

Table 2 - 1   Processing Technic

Process Number	Process Content	Equipment & Tool (simple figure)	Working hours

Table 2 - 2   Testing & Evaluating

Number	Testing Items	Testing Value	Testing Tools	Deserve Score	Actual Score
1	$20^{+0.06}_{-0.02}$ (2 Point)			5×2	
2	▱ 0.03 (4 surface)			3×4	
3	▱ 0.04			4	
4	⊥ 0.05 A (2 surface)			3×2	
5	⊥ 0.05 A B (2 surface)			4×2	
6	Roughnes 1.6/ (7 surface)			3	
7	Appearance			3	
8	condition of security & civilization production.			4	
Valuator (signature)			Total Score	50	

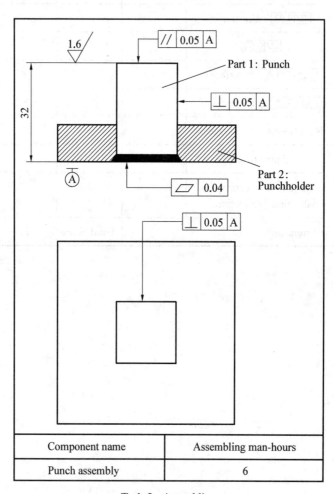

Component name	Assembling man-hours
Punch assembly	6

Task 3: Assembling

Table 3 - 1　Processing Technic

Process Number	Process Content	Equipment & Tool (simple figure)	Working hours

Table 3 - 2   Testing & Evaluating

Number	Testing Items	Testing Value	Testing Tools	Deserve Score	Actual Score
1	⌭ 0.04			2	
2	// 0.05 A			2	
3	⊥ 0.05 A (2 surface)			2.5×2	
4	Roughnes 1.6			0	
5	Appearance			0	
6	condition of security & civilization production.			1	
Valuator (signature)			Total Score	10	

Summary

	Deserve Score	Actual Score
Task 1	40	
Task 2	50	
Task 3	10	
Summary Score	100	
Experience		
Student（signature）		Date	

参 考 文 献

[1] 温上樵,杨冰. 钳工基本技能项目教程[M]. 北京：机械工业出版社,2008.

[2] 杨冰,温上樵. 金属加工与实训——钳工实训[M]. 北京：机械工业出版社,2010.

[3] 王兴民. 钳工工艺学[M]. 北京：中国劳动出版社,1996.

[4] 曹元俊. 金属加工常识[M]. 北京：高等教育出版社,1998.

[5] 蒋增福. 钳工工艺与技能训练[M]. 北京：中国劳动社会保障出版社,2001.

[6] 葛金印. 机械制造技术基础——基本常识[M]. 北京：高等教育出版社,2004.

[7] 厉萍. 机械制造技术基础——技能训练[M]. 北京：高等教育出版社,2005.

[8] 闻健萍. 钳工技能训练[M]. 北京：高等教育出版社,2005.

[9] 盛善权. 机械制造基础[M]. 北京：机械工业出版社,1983.

[10] 尤祖源. 钳工实习与考级[M]. 北京：高等教育出版社,1996.

[11] 机械工业职业技能鉴定指导中心[M]. 钳工技术. 北京：机械工业出版社,1999.

[12] 机械工业职业技能鉴定指导中心[M]. 钳工常识. 北京：机械工业出版社,1999.

[13] 机械工业职业技能鉴定指导中心[M]. 机修钳工技术. 北京：机械工业出版社,1999.

[14] 劳动部教材办公室. 钳工生产实习[M]. 北京：中国劳动出版社,1997.

[15] 于永泗,齐民. 机械工程材料[M]. 大连：大连理工大学出版社,2003.